porté.

V. 2002.

OPUSCULES

MATHÉMATIQUES,

PAR M.^r L'ABBÉ DE ROCHON,

Astronome de la Marine & Correspondant de l'Académie Royale des Sciences.

A BREST,

Chez ROMAIN MALASSIS, Imprimeur ordinaire du Roi & de la Marine.

M. DCC. LXVIII.

AVEC APPROBATION ET PRIVILEGE.

FAUTES A CORRIGER.

Page 46, *lig.* 24, de 2 pouces, *lisez* à 2 pouces.

Pag. 72, Mogador, *lisez* Mogodor.

Pag. 86, *lig.* 21, parties égales *A* & *B*, *ajoûtez* (*Fig.* 10 *).

Pag. 154, *lig.* 11 de là 2.ᵉ colonne de l'équation du centre, en comptant par en bas, au lieu de 0. 27. 18, *lisez* 1. 27. 18.

Pag. 156, *au bas de la pag.* sous la 3.ᵉ colonne de la premiere partie de l'équation du tems, au lieu de **XI**, *lisez* **IX**.

AVERTISSEMENT.

LA plupart des différens Mémoires qui se trouvent dans cet Ouvrage devait être imprimée dans le Recueil des Mémoires des Savans étrangers ; mais le voyage que je vais faire aux Indes, par ordre du Ministre, m'a déterminé à les faire publier avant mon départ. Il est impossible que cet Ouvrage ne se ressente pas de la précipitation avec laquelle j'ai été contraint de le faire. J'espere que le Public voudra bien y avoir égard.

On me reprochera peut-être que mon premier Mémoire suppose qu'on sache les Élémens de Dioptrique, mais il m'eut été difficile de faire autrement, sans entrer dans des détails qui ne doivent se trouver que dans un Traité d'Optique *. Quant aux observations que

* L'Optique de M.ʳ Smith est le seul Traité qu'on ait en ce genre. M.ʳ du Val le Roy, Professeur de Mathématiques aux Écoles Royales des Gardes de la Marine, vient d'en donner une bonne Traduction, avec des Additions considérables.

j'ai faites fur mer, je fuis redevable de leur fuccès aux facilités que m'a données M. le Comte de Breugnon, Ambaffadeur de France à la Cour de Maroc, & au zele de MM. les Officiers, principalement à M. le Chevalier de Tremergat, qui a bien voulu me feconder dans toutes mes opérations. Les connoiffances & les talens de cet Officier, qui a été décoré, à l'âge de 20 ans, de la Croix de Saint Louis, font au deffus de l'éloge.

EXTRAIT

des Regiftres de l'Académie Royale des Sciences.
DU 1.er JUIN 1768.

Meffieurs d'Alembert & Bailly qui avaient été nommés pour examiner un Ouvrage de M.ᵉ l'Abbé DE ROCHON, intitulé : *Opufcules Mathématiques*, en ayant fait leur rapport, l'Académie a jugé que ce Recueil, dont une partie a déja été approuvée par l'Académie, était digne de fon Approbation & d'être imprimé fous fon Privilege. En foi de quoi, j'ai figné le préfent Certificat. A Paris le 1.er Juin 1768.

GRANDJEAN DE FOUCHY,
Sec. Perp. de l'Ac. R. des Sciences.

MÉMOIRE[*]

SUR LES MOYENS

DE PERFECTIONNER

LES INSTRUMENS DIOPTRIQUES.

JE me propose dans ce Mémoire d'exposer mes recherches sur les moyens de perfectionner les instrumens dioptriques.

Les Géometres qui se sont occupés de cet objet important ont eu principalement en vue la perfection des télescopes dioptriques ; quoique l'analyse leur ait fait découvrir des dimensions dont l'exécution a répondu à leur attente, on est cependant encore loin d'avoir fixé le plus haut degré de perfection dont ces instrumens sont susceptibles. Le progrès rapide que fait journellement cette belle découverte, m'engage à penser qu'on pourrait peut-être

* J'ai lu ce Mémoire à l'Académie Royale des Sciences au mois de Février 1766.

A

par fon fecours parvenir à obferver fur mer les éclipfes des Satellites de Jupiter. La feule perfpective de déterminer par-là les longitudes, de la maniere la plus fimple & la plus exacte, m'a déterminé à m'en occuper.

M.ʳ Euler paraît être le premier qui ait penfé à corriger les aberrations de réfrangibilité par l'emploi de matieres différemment réfringentes ; cependant fa découverte n'eut pas dans le tems tout le fuccès qu'il avait lieu de s'en promettre, tant parce que fa théorie était en partie fondée fur des loix de réfraction purement hypothétiques, que parce qu'elle était totalement oppofée à une propofition que M.ʳ Newton avait déduite de l'expérience.

M.ʳ Klingenftierna jetta en 1755 des doutes fur les loix de réfraction établies par M.ʳ Newton, & en 1759 M.ʳ Dollond trouva dans une efpece de criftal connu en Angleterre fous le nom de *Flint-glaſſ* blanc, une réfraction qui lui fit fentir la poffibilité du projet de M.ʳ Euler. M.ʳ de Maupertuis avait effayé de faire conftruire des objectifs de verre & d'eau, felon les principes de M.ʳ Euler : ce fut fans fuccès. M.ʳ Dollond s'étayant fur fes expériences, ne réuffit pas mieux ; mais ayant compofé fes objectifs avec du flint-glaſſ & du verre commun, il apperçut que le flint-glaſſ était beaucoup plus propre que l'eau à l'objet qu'il s'était proposé. Il dit dans son Mémoire imprimé dans les *Transactions philosophiques*, qu'il parvint affez facilement à détruire les aberrations de réfrangibilité. Ainfi on vit, pour la premiere fois, des lunettes fans couleurs ; ce qui leur fit donner le nom d'*achromatiques*. Il avoue qu'il fut arrêté par un obftacle plus difficile à furmonter, c'eft l'aberration de fphéricité. On fait que la figure fphérique ne réunit pas en un feul point les rayons de lumiere : on connaît les fameufes ovales que M.ʳ Defcartes avait imaginées pour cet effet. Il y avait encore un autre moyen qui eft dû à M.ʳ Newton, & qui eft le feul praticable, c'eft de donner aux fpheres dont l'objectif eft compofé, un arrangement & des dimenfions telles que l'aberration de fphéricité foit la plus petite poffible. Cette perfection prefqu'inutile dans les objectifs ordinaires, eft devenue indifpenfable dans les objectifs achromatiques : auffi M.ʳ Dollond chercha-t-il dans l'analyfe & la Géométrie des moyens de détruire en même tems les aberrations de réfrangibilité & de fphéricité. On ne compofa d'abord les objectifs achromatiques que de deux lentilles, l'une de flint-glafs & l'autre de crown-glafs ; mais les fortes courbures qui proviennent de la folution analytique du Problême de la deſtruction des aberrations , empêchent qu'on ne donne à ces objectifs l'ouverture dont ils paraiſſaient ſuſceptibles. Cependant cette conſtruction ſuffit pour les lunettes deſtinées à voir les objets terreſtres. Quant aux téleſcopes dioptriques dont les Aſtronomes ſe ſervent, on doit préferer les objectifs compoſés de trois lentilles dont les deux extérieures ſont de crown-glaſſ & l'intérieure de flint-glaſſ.

On fait que ſi on change un objectif compoſé d'une ſeule lentille en un autre objectif de même foyer compoſé de deux lentilles, on diminue conſidérablement par cet artifice l'aberration de ſphéricité, & que même en décompoſant un objectif en pluſieurs lentilles équivalentes, on parviendrait à la détruire ſenſiblement ; on fait de plus que dans un objectif achromatique à deux verres, le foyer de la lentille de crown-glaſſ eſt à celui de celle de flint-glaſſ, à peu près, comme 8 à 11. Le court foyer de la lentille de crown-glaſſ fait naître l'idée de lui ſubſtituer deux lentilles équivalentes. Tel eſt le raiſonnement qui a dû conduire à la conſtruction des objectifs à trois verres : ayant ſix ſurfaces, ils ſont ſuſceptibles d'une infinité de combinaiſons. Je remarquerai cependant qu'il ferait à defirer qu'il y eut égalité , autant qu'il eft poffible , entre les courbures des lentilles ; & cela n'a pas tout-à-fait lieu dans les objectifs à trois verres , la lentille de flint-glaff étant plus concave que les lentilles de crown-glaff ne font convexes. Je n'ignore pas qu'on peut éviter cet inconvénient , en fubftituant au flint-glaff un ftraff affez chargé de plomb pour caufer une difperfion dans les couleurs , qui foit à celle produite par le verre commun dans le rapport de 2 à 1 ; mais outre que jufqu'à préfent on s'eft inutilement efforcé en France de faire du ftraff fans filandres & fans larmes , ce verre contracte en fe chargeant de plomb , des défauts qui limitent la dofe qu'on doit faire entrer dans fa compofition ; car il devient très-tendre , ce qui le rend d'un travail difficile ; il attire l'humidité de l'air & fe rouille avec une extrême facilité: il eft de plus fort fujet à être gélatineux. Enfin fi on cherche par le moyen de prifmes adoffés à détruire les iris , quand les couleurs extrêmes difparaiffent , on voit renaître fenfiblement les couleurs moyennes; enforte que pour réfoudre en ce cas le Problême de la deftruction de l'aberration de réfrangibilité , il faudrait employer jufqu'aux différences fecondes.

J'ai été fi furpris du peu de lumiere que

l'addition d'un troisieme verre fait perdre & de la grande ouverture que ces objectifs peuvent porter , que je crois qu'il y auroit un très-grand avantage à les construire à cinq verres dont le premier, le troisieme & le cinquieme feraient de crownglass, le second & le quatrieme de flint-glass. Dans cette construction d'objectif, l'aberration de sphéricité est beaucoup moindre que dans les objectifs à trois verres, & d'ailleurs les lentiles de flint-glass ne font pas plus concaves que les lentilles de crown-glass ne font convexes : ce qui est fort avantageux.

Si on veut avoir les formules d'aberration qui appartiennent aux objectifs à deux, trois & cinq verres, on peut les présenter commodément sous la forme suivante.

Soit A (*Fig. 1.*) un point lumineux qui envoie des rayons sur une lentille BED ; soit F le foyer des rayons qui tombent infiniment près de l'axe, comme AB, & x celui des rayons qui, comme AE, tombent à une assez petite distance de l'axe. Donc $DH = F$ & $DG = x$. Soit aussi le foyer des rayons paralleles $= f$; le rayon BL de la surface antérieure $= r$; le rayon CD de la surface postérieure $= R$; $\frac{1}{m}$ le rapport du sinus de l'angle d'incidence au sinus de l'angle de réfraction, en entrant de l'air dans la lentille ; l la demi-ouverture de la lentille, d la distance de l'objet à la lentille. La Géométrie nous donne *

$$x = F - \frac{F^2 l^2}{2 f^2} \times \left\{ \frac{1}{(1-m)^2 f} - \frac{3+2m}{d+F} - \frac{2(1+m)}{d+F}\left(\frac{d}{r} + \frac{F}{R}\right) - \frac{m(1+2m)}{(1-m)(r+R)} \right\},$$

dans laquelle expression

$$\frac{1}{F} = \frac{1-m}{m}\left(\frac{1}{r} + \frac{1}{R}\right) - \frac{1}{d}, \quad \& \quad \frac{1}{f} = \frac{1-m}{m}\left(\frac{1}{r} + \frac{1}{R}\right);$$

d'où on déduit $\frac{1}{F} = \frac{1}{f} - \frac{1}{d}$.

Cette valeur de x n'est qu'une approximation qui a d'autant plus d'exactitude, que l est une quantité plus petite relativement à r & R.

* Voici comment se trouve cette expression. Soient A (*Fig.* 2.) un point rayonnant situé sur l'axe AL d'une surface sphérique réfringente BE dont L est le centre & BL le rayon ; AE un rayon qui tombe assez près de l'axe AB pour qu'on puisse regarder & traiter comme assez petits les angles BAE, BLE ; EI le rayon rompu qui rencontre l'axe en I. Soient abaissées les perpendiculaires LD, LC sur les rayons AE, EC, & soient $AB =$ d, $BL = r$, l'angle $BLE = x$, & le rapport des sinus des angles d'incidence & de réfraction LED, LEC, comme 1 à m. Donc m sin. $LED =$ sin. LEC. Si donc on nomme u le sinus LD pour le rayon r, on aura le sinus $LC = mu$. Il est visible de plus que $OL = r$ cos. x ; ensorte que $BO = r(1 -$ cos. $x)$. Mais le sinus verse BO étant très-petit par rapport à $2r$, on a $BO : OE :: OE : 2r$; donc $OE^2 = 2r \times BO = 2r^2(1 -$ cos. $x)$. Mais $AE = \sqrt{((AB + BO)^2 + OE^2)}$; on aura donc $AE = \sqrt{[(d + r(1 -$ cos. $x))^2 + 2r^2(1 -$ cos. $x)]} = \sqrt{[d^2 + 2rd(1 -$ cos. $x) +$

$2\,r^2\,(1 - \mathrm{cof.}\,x)\,]$, en négligeant dans le carré de d $+ r$ $(1 - \mathrm{cof.}\,x)$, le terme $r^2\,(1 - \mathrm{cof.}\,x)^2$, à cauſe de ſon extrême petiteſſe. Si l'on fait d $+ r = p$, AE ſera $= \sqrt{[\,\mathrm{d}^2 + 2\,rp\,(1 - \mathrm{cof.}\,x)\,]}$.

Les triangles ſemblables AOE, ALD donnent $\dfrac{LD}{AL}$ $= \dfrac{OE}{AE}$: donc OE étant $= r\,\mathrm{fin.}\,x$, on a $\dfrac{u}{p} =$

$$\dfrac{r\,\mathrm{fin.}\,x}{\sqrt{[\,\mathrm{d}^2 + 2\,rp\,(1 - \mathrm{cof.}\,x)\,]}}.$$ Maintenant $\mathrm{fin.}\,LIC =$

$\dfrac{LC}{LI}$; mais $\mathrm{fin.}\,LIC = \mathrm{fin.}\,(BLE - LEC) = \mathrm{fin.}$ $BLE\ \mathrm{cof.}\,LEC - \mathrm{fin.}\,LEC\ \mathrm{cof.}\,BLE$; donc $\dfrac{LC}{LI} =$ $\mathrm{fin.}\,BLE\ \mathrm{cof.}\,LEC - \mathrm{fin.}\,LEC\ \mathrm{cof.}\,BLE$. Mais $\mathrm{fin.}$ $BLE = \mathrm{fin.}\,x$; $\mathrm{cof.}\,LEC = \sqrt{(1 - \mathrm{fin.}\,LEC^2)}$ $= \sqrt{\left[\,1 - \dfrac{m^2 p^2\,\mathrm{fin.}\,x^2}{\mathrm{d}^2 + 2\,rp\,(1 - \mathrm{cof.}\,x)}\,\right]}, = \dots\dots$

$$\dfrac{\sqrt{[\,\mathrm{d}^2 + 2\,rp\,(1 - \mathrm{cof.}\,x) - m^2 p^2\,\mathrm{fin.}\,x^2\,]}}{\sqrt{[\,\mathrm{d}^2 + 2\,rp\,(1 - \mathrm{cof.}\,x)\,]}},\ \mathrm{fin.}\,LEC$$

étant $= \dfrac{mu}{r} = \dfrac{m p\,\mathrm{fin.}\,x}{\sqrt{(\,\mathrm{d}^2 + 2\,rp\,(1 - \mathrm{cof.}\,x)\,)}}$; cof.

$BLE = \mathrm{cof.}\,x$. Donc $\dots\dots\dots\dots\dots\dots$

$$\dfrac{LC}{LI} = \dfrac{\mathrm{fin.}\,x\,\sqrt{[\,\mathrm{d}^2 + 2\,rp\,(1 - \mathrm{cof.}\,x) - m^2 p^2\,\mathrm{fin.}\,x^2\,]}}{\sqrt{[\,\mathrm{d}^2 + 2\,rp\,(1 - \mathrm{cof.}\,x)\,]}}$$

$$- \dfrac{m p\,\mathrm{fin.}\,x\,\mathrm{cof.}\,x}{\sqrt{[\,\mathrm{d}^2 + 2\,rp\,(1 - \mathrm{cof.}\,x)\,]}}.$$ Mais $LC = \dots\dots$

$$\dfrac{m p r\,\mathrm{fin.}\,x}{\sqrt{[\,\mathrm{d}^2 + 2\,rp\,(1 - \mathrm{cof.}\,x)\,]}}.$$ Donc $LI = \dots\dots$

$$\dfrac{m p r}{\sqrt{[\,\mathrm{d}^2 + 2\,rp\,(1 - \mathrm{cof.}\,x) - m^2 p^2\,\mathrm{fin.}\,x^2\,]} - m p\,\mathrm{cof.}\,x}.$$

Donc $BI = r + LI = \dots\dots\dots\dots\dots$

$$\dfrac{r\sqrt{[\,\mathrm{d}^2 + 2\,rp\,(1 - \mathrm{cof.}\,x) - m^2 p^2\,\mathrm{fin.}\,x^2\,]} - m p r\,\mathrm{cof.}\,x + m p r}{\sqrt{[\,\mathrm{d}^2 + 2\,rp\,(1 - \mathrm{cof.}\,x) - m^2 p^2\,\mathrm{fin.}\,x^2\,]} - m p\,\mathrm{cof.}\,x}$$

$$= \dfrac{1}{\dfrac{\sqrt{[\,\mathrm{d}^2 + 2\,rp\,(1 - \mathrm{cof.}\,x) - m^2 p^2\,\mathrm{fin.}\,x^2\,]} - m p\,\mathrm{cof.}\,x}{\sqrt{[\,\mathrm{d}^2 + 2\,rp\,(1 - \mathrm{cof.}\,x) - m^2 p^2\,\mathrm{fin.}\,x^2\,]} + m p r\,(1 - \mathrm{cof.}\,x)}}.$$

Si dans cette formule on met pour cof. x sa valeur approchée $1 - \dfrac{\sin. x^2}{2}$, & qu'on néglige les quatriemes puissances de sin. x, BI deviendra

$$= \cfrac{1}{\cfrac{\sqrt{[d^2 + (rp - m^2p^2)\sin. x^2]} - mp + \frac{1}{2}mp\sin. x^2}{r\sqrt{[d^2 + (rp - m^2p^2)\sin. x^2]} + \frac{1}{2}mpr\sin. x^2}};$$

mais $\sqrt{[d^2 + (rp - m^2p^2)\sin. x^2]}$ est, à très-peu près, $= \dfrac{2d^2 + rp\sin. x^2 - m^2p^2\sin. x^2}{2d}$; donc BI sera $= \dots$

$$= \cfrac{1}{\cfrac{2d^2 - 2mpd + rp\sin. x^2 - m^2p^2\sin. x^2 + mpd\sin. x^2}{2rd^2 + r^2p\sin. x^2 - m^2p^2r\sin. x^2 + mprd\sin. x^2}}$$

$=$ (en faisant la division & négligeant les quatriemes puissances de sin. x) $1 : \Big[\dfrac{1}{r} - \dfrac{mp}{rd} + \dfrac{mp^2\sin. x^2}{2d^3} + \dfrac{m^2p^2\sin. x^2}{2d^4r}$

$- \dfrac{m^3p^3\sin. x^2}{2d^3r}.\Big] = 1 : \Big[\dfrac{1 - m}{r} - \dfrac{m}{d} + \dfrac{m(d+r)^2\sin. x^2}{2d^3}$

$+ \dfrac{m^2(d+r)^2\sin. x^2}{2d^2r} - \dfrac{m^3(d+r)^3\sin. x^2}{2d^3r}\Big]$, en remettant à la place de p sa valeur $d + r$.

Si on fait $OE = l$, on aura sin. $x = \dfrac{l}{r}$; ainsi on aura $\dfrac{1}{BI} = \dfrac{1 - m}{r} - \dfrac{m}{d} + \dfrac{ml^2(d+r)^2}{2d^3r^2} +$

$\dfrac{m^2l^2(d+r)^2}{2d^2r^3} - \dfrac{m^3l^2(d+r)^3}{2d^3r^3}.$

Si dans cette valeur de BI on fait $l = 0$, on aura alors le foyer des rayons qui tombent infiniment près de l'axe; si donc on nomme f la distance de ce foyer à la surface réfringente, on aura $\dfrac{1}{f} = \dfrac{1 - m}{r} - \dfrac{m}{d}$; substituant, dans la valeur de BI, $\dfrac{1}{f}$ à la place de $\dfrac{1 - m}{r} - \dfrac{m}{d}$, on aura $\dfrac{1}{BI} = [2d^3r^3 + mrl^2f(d+r)^2 + m^2l^2df$

$(d+r)^2 - m^3 l^2 f(d+r)^3] : [2fd^3r^3]$. Donc $BI = [2fd^3r^3] : [2d^3r^3 + mrl^2f(d+r)^2 + m^2l^2df(d+r)^2 - m^3l^2f(d+r)^3] =$ (en faisant la division & négligeant les termes où entre l^4) $f - \dfrac{ml^2f^2r(d+r)^2}{2d^3r^3} - \dfrac{m^2l^2f^2d(d+r)^2}{2d^3r^3} + \dfrac{m^3l^2f^2(d+r)^3}{2d^3r^3} = f - \dfrac{fl^2}{2} \times \dfrac{mr + m^2d - m^3(d+r)}{dr} \times \left(\dfrac{d+r}{dr}\right)^2 = f - \tfrac{1}{2}f^2l^2m(1-m)\left(\dfrac{1+m}{d} + \dfrac{m}{r}\right)\left(\dfrac{1}{r} + \dfrac{1}{d}\right)^2$, expression du foyer des rayons qui étant partis du point A rencontrent la surface réfringente BE à une distance l de l'axe de cette surface.

Supposons maintenant un peu au-delà de la surface BE une seconde surface DE qui termine le milieu dans lequel les rayons font entrés, ensorte que ce milieu forme une lentille convexe BED; voici comment on trouvera le foyer qu'auront les rayons après avoir traversé cette lentille : nous supposons toujours qu'ils la rencontrent à la distance l de son axe AH. Nommons BI ou DI, q, en négligeant l'épaisseur BD de la lentille, qui ne peut être que très-petite, & soit le rayon DC de la surface $DE = R$. Le rapport de réfraction, en sortant de la lentille, étant exprimé par celui de m à 1, & les rayons tombant convergens sur la surface DE, on aura, en supposant que G soit le foyer cherché, & que F marque la distance du foyer de rayons qui tomberaient sur la surface DE, infiniment près de l'axe, avec des directions tendantes en I, $DG = \mathrm{F} - \tfrac{1}{2}\mathrm{F}\mathrm{F}ll\,\dfrac{1}{m}\left(\dfrac{1-m}{m}\right)\left(\dfrac{1+m}{mq} + \dfrac{1}{mR}\right)\left(\dfrac{1}{R} + \dfrac{1}{q}\right)^2$, F étant déterminée par l'équation $\dfrac{1}{\mathrm{F}} = \dfrac{1-m}{mR} + \dfrac{1}{mq}$.

Si on regarde l'épaisseur BD de la lentille comme infiniment petite, la distance F du foyer des rayons qui tombent infiniment près de l'axe, est exprimée par cette équation $\frac{1}{F} = \frac{1-m}{mR} + \frac{1}{mf}$. Donc q différant très-peu de f, on pourra mettre dans le second terme de la valeur de DG, qui est très-petit, F à la place de F, & f à la place de q. De plus, au lieu de F qui forme le premier terme, on pourra écrire F moins la petite quantité dont F surpasse F. Or cette petite différence est $(f-q) \times \frac{FF}{mff} = \frac{1}{2} FFll (1-m) (\frac{1+m}{d} + \frac{m}{r})(\frac{1}{r} + \frac{1}{d})^2$;

donc on aura $DG = F - \frac{1}{2} FFll \left\{ (1-m)(\frac{1+m}{d} + \frac{m}{r})(\frac{1}{r} + \frac{1}{d})^2 + \frac{1}{m}(\frac{1-m}{m})(\frac{1+m}{mf} + \frac{1}{mR})(\frac{1}{R} + \frac{1}{f})^2 \right\} = F - \frac{(1-m) FFll}{2} \left\{ (\frac{1+m}{d} + \frac{m}{r})(\frac{1}{r} + \frac{1}{d})^2 + (\frac{1+m}{F} + \frac{m}{R})(\frac{1}{R} + \frac{1}{F})^2 \right\}$, en

introduisant $\frac{1}{F}$ à la place de $\frac{1}{f}$, au moyen de l'équation $\frac{1}{F} = \frac{1-m}{mR} + \frac{1}{mf}$. Faisant les multiplications indiquées, on aura $DG = F - \frac{(1-m) FFll}{2} \left\{ m(\frac{1}{r^3} + \frac{1}{R^3}) + (1 + 3m)(\frac{1}{drr} + \frac{1}{FRR}) + (2 + 3m)(\frac{1}{ddr} + \frac{1}{FFR}) + (1 + m)(\frac{1}{d^3} + \frac{1}{F^3}) \right\}$.

Or, on trouve au moyen de l'équation $\frac{1-m}{m}(\frac{1}{r} + \frac{1}{R}) = \frac{1}{F} + \frac{1}{d} = \frac{1}{f}$, f désignant la distance focale de la lentille; on trouve, dis-je, $\frac{1}{r^3} + \frac{1}{R^3} =$

$$\frac{m}{(1-m)f}\left(\frac{m^2}{(1-m)^2 ff} - \frac{3m}{(1-m)f(r+R)}\right),$$

$$\frac{1}{drr} + \frac{1}{FRR} = \frac{m}{(1-m)f}\left(\frac{1}{dr} + \frac{1}{FR} - \frac{1}{f(r+R)}\right),$$

$$\frac{1}{ddr} + \frac{1}{FFR} = \frac{m}{(1-m)f}\left(\frac{1-m}{m}\times\left(\frac{1}{dr} + \frac{1}{FR}\right) - \frac{1}{f(d+F)}\right),$$

$$\frac{1}{d^3} + \frac{1}{F^3} = \frac{m}{(1-m)f}\left(\frac{1-m}{mff} - \frac{3(1-m)}{mf(d+F)}\right).$$

Multipliant ces parties par leurs co-efficiens respectifs m, $1+3m$, $2+3m$, $1+m$, les ajoûtant ensuite & réduisant, on aura enfin DG ou $x = F - \dfrac{FFll}{2ff}$

$$\left\{\frac{1-2m+2m^3}{(1-m)^2 f} - \frac{3+2m}{d+F} + \frac{2(1+m)}{d+F}\left(\frac{d}{R} + \frac{F}{r}\right) - \frac{m(1+2m)}{(1-m)(r+R)}\right\} = F - \frac{FFll}{2ff}\left\{\frac{1}{(1-m)f}\right.$$

$$\left. - \frac{3+2m}{d+F} - \frac{2(1+m)}{d+F}\times\left(\frac{d}{r} + \frac{F}{R}\right) - \frac{m(1+2m)}{(1-m)(r+R)}\right\}.$$

Soit y l'aberration de sphéricité ; j'aurai

$$y = F - x = \frac{F^2 l^2}{2f^2}\left\{\frac{1}{1-m^2\,f} - \frac{3+2m}{d+F}\right.$$

$$\left. - \frac{2(1+m)}{d+F}\left(\frac{d}{r} + \frac{F}{R}\right) - \frac{m(1+2m)}{(1-m)(r+R)}\right\}.$$

Je fais $\dfrac{1}{1-m} = A$, $3+2m = B$,

$$2(1+m) = C, \quad \frac{m(1+2m)}{1-m} = E; \text{ donc}$$

$$y = \frac{F^2 l^2}{2f^2}\left\{\frac{A}{f} - \frac{B}{d+F} - \frac{C}{d+F}\left(\frac{d}{r} + \right.\right.$$

$\frac{F}{R}) - \frac{E}{r + R}\}$. Si on différencie l'équation $\frac{1}{F} = \frac{1}{f} - \frac{1}{d}$, observant de ne pas faire varier f, on aura $dF = \frac{F^2}{d^2} d\mathrm{d}$, ce qui desigue la petite variation qu'éprouve le foyer lorsque la distance est variable. Cette variation dans le foyer est une aberration qu'il faut évidemment ajoûter à celle de sphéricité que nous venons de déterminer, pour avoir l'aberration totale.

Quand on suppose que la distance du point lumineux à la lentille varie d'une petite quantité $Aa(Fig.1.)$; on a $y = \frac{F^2 l^2}{2 f^2}\left\{\frac{A}{f} - \frac{B}{d + F} - \frac{C}{d + F}\left(\frac{\mathrm{d}}{r} + \frac{F}{R}\right) - \frac{E}{r + R}\right\} + \frac{F^2}{d^2} d\mathrm{d}$,

formule plus générale que la précédente, & dont nous nous servirons de préférence dans la recherche de l'aberration d'un nombre quelconque de lentilles.

Si je veux avoir l'aberration pour deux lentilles, je nomme cette aberration y'' & j'ai $y'' = \frac{F''^2 l''^2}{2 f''^2}\left\{\frac{A''}{f''} - \frac{B''}{d'' + F''} - \frac{C''}{d'' + F''}\left(\frac{\mathrm{d}''}{r''} + \frac{F''}{R''}\right) - \frac{E''}{r'' + R''}\right\} + \frac{F''^2}{d''^2} d\mathrm{d}''$.

Je remarque que $d\mathrm{d}''$, c'est-à-dire, la variation dans la distance de l'objet à la deuxieme lentille, n'est causée que par l'aberration de la premiere lentille ; ensorte que si y' désigne l'aberration de la premiere lentille, on a $dd'' = y'$, d'où on déduit cette expression

$$y'' = \frac{F''^2 l''^2}{2f''^2}\left\{\frac{A''}{f''} - \frac{B''}{d''+F''} - \frac{C''}{d''+F''}\times\left(\frac{d''}{r''}+\frac{F''}{R''}\right) - \frac{E''}{r''+R''}\right\} + \frac{F''^2}{d''^2}$$

$$\times \frac{F'^2 l'^2}{2f'^2}\left\{\frac{A'}{f'} - \frac{B'}{d'+F'} - \frac{C'}{d'+F'}\times\left(\frac{d'}{r'}+\frac{F'}{R'}\right) - \frac{E'}{r'+R'}\right\}.$$

Nous avons supprimé dans cette valeur le terme $\frac{F'^2}{d'^2}dd'$, parce que les rayons qui tombent sur la premiere lentille partant d'un même point, on a $dd' = 0$.

On aura pareillement l'aberration pour trois lentilles,

$$y''' = \frac{F'''^2 l'''^2}{2f'''^2}\left\{\frac{A'''}{f'''} - \frac{B'''}{d'''+F'''} - \frac{C'''}{d'''+F'''}\left(\frac{d'''}{r'''}+\frac{F'''}{R'''}\right) - \frac{E'''}{r'''+R'''}\right\} + \frac{F'''^2}{d'''^2}\times\left[\frac{F''^2 l''^2}{2f''^2}\right.$$

$$\left\{\frac{A''}{f''} - \frac{B''}{d''+F''} - \frac{C''}{d''+F''}\left(\frac{d''}{r''}+\frac{F''}{R''}\right) - \frac{E''}{r''+R''}\right\} + \frac{F''^2}{d''^2}\times\frac{F'^2 l'^2}{2f'^2}\left\{\frac{A'}{f'} - \frac{B'}{d'+F'}\right.$$

$$\left. - \frac{C'}{d'+F'}\left(\frac{d'}{r'}+\frac{F'}{R'}\right) - \frac{E'}{r'+R'}\right\}\Big].$$

L'aberration pour quatre lentilles sera,

$$y^{iv} = \frac{F^{iv2} l^{iv2}}{2f^{iv2}}\left\{\frac{A^{iv}}{f^{iv}} - \frac{B^{iv}}{d^{iv}+F^{iv}} - \frac{C^{iv}}{d^{iv}+F^{iv}}\left(\frac{d^{iv}}{r^{iv}}+\frac{F^{iv}}{R^{iv}}\right) - \frac{E^{iv}}{r^{iv}+R^{iv}}\right\} + \frac{F^{iv2}}{d^{iv2}}\left[\frac{F'''^2 l'''^2}{2f'''^2}\right.$$

$$\left\{\frac{A'''}{f'''} - \frac{B'''}{d'''+F'''} - \frac{C'''}{d'''+F'''}\left(\frac{d'''}{r'''}+\frac{F'''}{R'''}\right) - \frac{E'''}{r'''+R'''}\right\} + \frac{F'''^2}{d'''^2}\left(\frac{F''^2 l''^2}{2f''^2}\left\{\frac{A''}{f''} - \frac{B''}{d''+F''} - \frac{C''}{d''+F''}\left(\frac{d''}{r''}+\frac{F''}{R''}\right) - \frac{E''}{r''+R''}\right\} + \frac{F''^2}{d''^2}\frac{F'^2 l'^2}{2f'^2}\left\{\frac{A'}{f'} - \frac{B'}{d'+F'} - \frac{C'}{d'+F'}\left(\frac{d'}{r'}+\frac{F'}{R'}\right) - \frac{E'}{r'+R'}\right\}\right)\right].$$

L'aberration pour cinq lentilles sera,

$$y^v = \frac{F^{v2} l^{v2}}{2f^{v2}}\left\{\frac{A^v}{f^v} - \frac{B^v}{d^v+F^v} - \frac{C^v}{d^v+F^v}\left(\frac{d^v}{r^v}+\frac{F^v}{R^v}\right) - \frac{E^v}{r^v+R^v}\right\} + \frac{F^{v2}}{d^{v2}}\left[\frac{F^{iv2}l^{iv2}}{2f^{iv2}}\left\{\frac{A^{iv}}{f^{iv}} - \frac{B^{iv}}{d^{iv}+F^{iv}} - \frac{C^{iv}}{d^{iv}+F^{iv}}\left(\frac{d^{iv}}{r^{iv}}+\frac{F^{iv}}{R^{iv}}\right) - \frac{E^{iv}}{r^{iv}+R^{iv}}\right\} \right.$$

$$\left. + \frac{F^{iv2}}{d^{iv2}}\left\{\frac{F'''^2 l'''^2}{2f'''^2}\left\{\frac{A'''}{f'''} - \frac{B'''}{d'''+F'''} - \frac{C'''}{d'''+F'''}\left(\frac{d'''}{r'''}+\frac{F'''}{R'''}\right) - \frac{E'''}{r'''+R'''}\right\} + \frac{F'''^2}{d'''^2}\left\{\frac{F''^2l''^2}{2f''^2}\left\{\frac{A''}{f''} - \frac{B''}{d''+F''} - \frac{C''}{d''+F''}\left(\frac{d''}{r''}+\frac{F''}{R''}\right) - \frac{E''}{r''+R''}\right\} \right.\right.$$

$$\left.\left. + \frac{F''^2}{d''^2}\frac{F'^2l'^2}{2f'^2}\left\{\frac{A'}{f'} - \frac{B'}{d'+F'} - \frac{C'}{d'+F'}\left(\frac{d'}{r'}+\frac{F'}{R'}\right) - \frac{E'}{r'+R'}\right\}\right\}\right\}\right].$$

On déterminera facilement par cette méthode l'aberration pour un plus grand nombre de lentilles.

Examinons maintenant les degrés de perfection dont sont susceptibles les objectifs compofés d'une ou de plufieurs lentilles.

Commençons d'abord par les objectifs compofés d'une feule lentille. Nous venons de voir que

$$y' = \frac{F'^2 l'^2}{2 f'^2} \left(\frac{A'}{f'} - \frac{B'}{d' + F'} - \frac{C'}{d' + F'} \times \right.$$

$$\left. \left(\frac{d'}{r'} + \frac{F'}{R'} \right) - \frac{E'}{r' + R'} \right),$$ dans laquelle expreffion $\frac{1}{F'} = \frac{1 - m'}{m'} \left(\frac{1}{r'} + \frac{1}{R'} \right) - \frac{1}{d'}$ & $\frac{1}{f'} = \frac{1 - m'}{m'} \left(\frac{1}{r'} + \frac{1}{R'} \right)$ ou $\frac{1}{F'} = \frac{1}{f'} - \frac{1}{d'}$.

Ces formules peuvent fe fimplifier en remarquant que dans les télefcopes la diftance de l'objet à l'objectif eft cenfée infinie, enforte que $d' = \infty$; donc $y' = \frac{l'^2}{2} \left(\frac{A'}{f'} - \frac{C'}{r'} - \frac{E'}{r' + R'} \right)$, $\frac{1}{F'} = \frac{1}{f'} = \frac{1 - m'}{m'} \left(\frac{1}{r'} + \frac{1}{R'} \right)$. Pour avoir la moindre aberration, il fuffit de différencier y', en ne faifant varier que r' & R', & faire cette différencielle égale à zero ; on aura donc $\frac{C' dr'}{r'^2} + \frac{E'(dr' + dR')}{(r' + R')^2} = 0$. On peut éliminer les deux différencielles dr' & dR' par le moyen de l'équation $\frac{1}{f'} = \frac{1 - m'}{m'} \left(\frac{1}{r'} + \frac{1}{R'} \right)$ qui devient par la différentiation $\frac{dr'}{r'^2} + \frac{dR'}{R'^2} = 0$;

d'où

d'où on déduit cette expression de la moindre aberration $y' = \dfrac{l'^2 G'}{2 f'}$, G' étant une fonction de la réfraction, dont on connaît la valeur par les équations précédentes : on a aussi $\dfrac{1}{r'} = \dfrac{H'}{f'}$, & $\dfrac{1}{R'} = \dfrac{K'}{f'}$, H' & K' étant pareillement des fonctions de la réfraction.

Telle est la maniere de diminuer, autant qu'il est possible, l'aberration de sphéricité dans un objectif composé d'une seule lentille. Quant à celle qui provient de la différente réfrangibilité des rayons de lumiere, on ne peut parvenir à l'anéantir dans le cas d'une seule lentille, puisqu'en différenciant $\dfrac{1}{f'} = \dfrac{1 - m'}{m'} \left(\dfrac{1}{r'} + \dfrac{1}{R'} \right)$, en faisant varier la réfraction & faisant la différentielle égale à zero, on trouve $r' = - R'$; ce qui montre que l'objectif aurait une distance focale infinie, c'est-à-dire n'aurait pas de foyer.

Passons aux objectifs composés de deux lentilles de différentes matieres.

$$y'' = \dfrac{F'' l''^2}{2 f''^2} \left\{ \dfrac{A''}{f''} - \dfrac{B''}{d'' + F''} - \dfrac{C''}{d'' + F''} \left(\dfrac{d''}{r''} + \dfrac{F''}{R''} \right) - \dfrac{E''}{r'' + R''} \right\} + \dfrac{F''^2}{d''^2} \times \dfrac{F'^2 l'^2}{2 f'^2} \left\{ \dfrac{A'}{f'} - \dfrac{B'}{d' + E'} - \dfrac{C'}{d' + F'} \left(\dfrac{d'}{r'} + \dfrac{F'}{R'} \right) - \dfrac{E'}{r' + R'} \right\},$$

B

dans laquelle expression on aura :

$$\frac{1}{F'} = \frac{1-m'}{m'}\left(\frac{1}{r'} + \frac{1}{R'}\right) - \frac{1}{d'} = \frac{1}{f'} - \frac{1}{d'}\,;\quad \frac{1}{F''} = \frac{1-m''}{m''}\left(\frac{1}{r''} + \frac{1}{R''}\right) - \frac{1}{d''} = \frac{1}{f''} - \frac{1}{d''}.$$

Si on veut détruire l'aberration de sphéricité, il suffit de faire $y'' = 0$. On peut simplifier ces formules en supposant que les deux lentilles qui composent l'objectif soient accolées ; dans ce cas, $F' + d'' = 0$, $l' = l''$; de plus, $d' = \infty$ dans les télescopes. Pour anéantir l'aberration de réfrangibilité, on a

$$\frac{1}{F''} = \frac{1-m''}{m''}\left(\frac{1}{r''} + \frac{1}{R''}\right) + \frac{1-m'}{m'}\left(\frac{1}{r'} + \frac{1}{R'}\right).$$

Je différencie cette expression en faisant varier m'' & m', & je fais cette différentielle égale à zero ; j'ai donc

$$-\frac{dm''}{m''^2}\left(\frac{1}{r''} + \frac{1}{R''}\right) - \frac{dm'}{m'^2}\left(\frac{1}{r'} + \frac{1}{R'}\right) = 0\,;$$

d'où je conclus que $f' = nf''$, n désignant le rapport qu'il doit y avoir entre les foyers des verres pour dissiper les couleurs.

On pourra avoir des objectifs composés de trois lentilles, exempts d'aberration de réfrangibilité & de sphéricité, en faisant $y''' = 0$

$$= \frac{F'''^2 l'''^2}{2f'''^2}\left(\frac{A'''}{f'''} - \frac{B'''}{d''' + F'''} - \frac{C'''}{d''' + F'''}\right.$$

$$\left(\frac{d'''}{r'''}+\frac{F'''}{R'''}\right)-\frac{E'''}{r'''+R'''}\right)+\frac{F'''^2}{d'''}$$

$$\left\{\frac{F''^2 l''^2}{2f''^2}\left(\frac{A''}{f''}-\frac{B''}{d''+F''}-\frac{C''}{d''+F''}\left(\frac{d''}{r''}\right.\right.\right.$$

$$+\frac{F''}{R''}\right)-\frac{E''}{r''+R''}\right)+\frac{F''^2 F'^2 l'^2}{2f'^2 d''^2}\left(\frac{A'}{f'}-\right.$$

$$\frac{B'}{d'+F'}-\frac{C'}{d'+F'}\left(\frac{d'}{r'}+\frac{F'}{R'}\right)-\frac{E'}{r'+R'}\right)\right\};$$

$$\frac{1}{F'''}=\frac{1-m'''}{m'''}\left(\frac{1}{r'''}+\frac{1}{R'''}\right)+\frac{1-m''}{m''}$$

$$\left(\frac{1}{r''}+\frac{1}{R''}\right)+\frac{1-m'}{m'}\left(\frac{1}{r'}+\frac{1}{R'}\right)-$$

$$\frac{1}{d'}\ldots\ldots\frac{1}{F'}=\frac{1}{f'}-\frac{1}{d'}.$$

Dans les télescopes $d'=\infty$, quand la lentille intérieure est de flint-glass & les deux extérieures de crown-glass. On détruira les couleurs en faisant $\frac{1}{f'''}+\frac{1}{f'}=\frac{1}{nf''}$. Lorsqu'il n'y a point d'intervalle entre les verres, $l'=l''=l'''$, & $F'+d''=0$; $F''+d'''=0$; enfin $m'=m'''$.

On suivra le même procédé pour anéantir, dans les objectifs composés de cinq lentilles, l'aberration de sphéricité & de réfrangibilité. Il faut faire $y^v=0=$

$$\frac{F^{v2} l^{v2}}{2f^{v2}}\left(\frac{A^v}{f^v}-\frac{B^v}{d^v+F^v}-\frac{C^v}{d^v+F^v}\left(\frac{d^v}{r^v}+\right.\right.$$

$$\frac{F^v}{R^v}\right)-\frac{E^v}{R^v+r^v}\right)+\frac{F^{v2}}{d^{v2}}\left\{\frac{F^{iv2} l^{iv2}}{2f^{iv2}}\left(\frac{A^{iv}}{f^{iv}}-\right.\right.$$

$$\frac{B^{IV}}{d^{IV}+F^{IV}}\;\frac{C^{IV}}{d^{IV}+F^{IV}}\left(\frac{d^{IV}}{r^{IV}}+\frac{F^{IV}}{R^{IV}}\right)-\frac{E^{IV}}{r^{IV}+R^{IV}}\big)$$

$$+\;\frac{F^{IV^2}}{d^{IV^2}}\left\{\frac{F^{III^2}l^{III^2}}{2f^{III^2}}\left(\frac{A^{III}}{f^{III}}-\frac{B^{III}}{d^{III}+F^{III}}-\right.\right.$$

$$\frac{C^{III}}{d^{III}+F^{III}}\left(\frac{d^{III}}{r^{III}}+\frac{F^{III}}{R^{III}}\right)-\frac{E^{III}}{R^{III}+r^{III}}\big)+$$

$$\frac{F^{III^2}}{d^{III^2}}\left\{\frac{F^{II^2}l^{II^2}}{2f^{II^2}}\left(\frac{A^{II}}{f^{II}}-\frac{B^{II}}{d^{II}+F^{II}}-\frac{C^{II}}{d^{II}+F^{II}}\right.\right.$$

$$\left(\frac{d^{II}}{r^{II}}+\frac{F^{II}}{R^{II}}\right)-\frac{E^{II}}{R^{II}+r^{II}}\big)+\frac{F^{II^2}F^{I^2}l^{I^2}}{2f^{I^2}d^{II^2}}\left(\frac{A^{I}}{f^{I}}\right.$$

$$-\frac{B^{I}}{d^{I}+F^{I}}-\frac{C^{I}}{d^{I}+F^{I}}\left(\frac{d^{I}}{r^{I}}+\frac{F^{I}}{R^{I}}\right)-$$

$$\frac{E^{I}}{r^{I}+R^{I}}\big)\big\}\big\}\big\};$$

$$\frac{1}{F^{V}}=\frac{1-m^{V}}{m^{V}}\left(\frac{1}{r^{V}}+\frac{1}{R^{V}}\right)+\frac{1-m^{IV}}{m^{IV}}\left(\frac{1}{r^{IV}}\right.$$

$$\left.+\frac{1}{R^{IV}}\right)+\frac{1-m^{III}}{m^{III}}\left(\frac{1}{r^{III}}+\frac{1}{R^{III}}\right)+\frac{1-m^{II}}{m^{II}}$$

$$\left(\frac{1}{r^{II}}+\frac{1}{R^{II}}\right)+\frac{1-m^{I}}{m^{I}}\left(\frac{1}{r^{I}}+\frac{1}{R^{I}}\right)\ldots\frac{1}{F^{I}}$$

$$=\frac{1}{f^{I}}-\frac{1}{d^{I}}.$$

Dans les télescopes $d'=\infty$. Quand les premiere, troisieme & cinquieme lentilles sont de crown-glass, tandis que la deuxieme & la quatrieme sont de flint-glass ; on anéantit l'aberration de réfrangibilité en faisant $\frac{1}{f^{V}}+\frac{1}{f^{III}}+\frac{1}{f^{I}}=\frac{1}{nf^{IV}}+\frac{1}{nf^{II}}$, n désignant le rapport qu'il doit y avoir entre le foyer des lentilles de flint-glass & de crown-glass, pour détruire les couleurs. Lorsqu'il n'y a point d'intervalle entre les verres, $l' = l'' = l''' = l^{iv} = l^v$, & $F' + d'' = 0$; $F'' + d''' = 0$; $F''' + d^{iv} = 0$; $F^{iv} + d^v = 0$.

Quoiqu'il y ait dans ce Problême dix indéterminées, il n'y a cependant que trois équations, dont la premiere désigne la distance focale du systême de lentilles, la seconde est l'expression de l'aberration de sphéricité, & la troisieme exprime la relation nécessaire entre les foyers pour dissiper les iris. On peut donc fixer à volonté sept des dix indéterminées; ce qui laisse une grande commodité dans le choix des solutions qu'on doit préferer. Les applications numériques seraient, dans ce Problême, d'une longueur capable de rebuter, si les objectifs à cinq verres n'avaient pas un avantage considérable sur ceux à trois. Au reste, on peut abréger le calcul en décomposant un objectif à cinq verres en deux objectifs dont l'un serait à trois verres & l'autre à deux; & détruisant séparément les aberrations dans chacun des objectifs, l'objectif à cinq verres qui en résultera, en sera absolument exempt.

On doit d'abord déterminer par le secours de l'analyse les dimensions d'un objectif qu'on voudra construire; mais avant de l'exécuter, on doit prendre la précaution de cal-

culer trigonométriquement l'aberration, observant d'avoir égard à l'épaisseur des lentilles. Veut-on savoir si un objectif achromatique à trois verres, de trois pieds de
foyer, & dont les dimensions ont été déduites
des formules précédentes, portera 4 pouces
d'ouverture? Soit, par exemple, AC (*Fig. 3.*)
le rayon de la premiere surface $=$ 30 pouces, $BA =$ 2 pouces. Les rayons tombant
paralleles, l'angle CEG d'incidence sera
de 3° 50′, à peu près ; mais le sinus de l'angle
d'incidence CEG est au sinus de l'angle de
réfraction, comme 1,54 à 1 (pour les
rayons rouges dans le verre de France); on
aura donc l'angle de réfraction de ° 29′, à
peu près. Dans le triangle DCE on connaît
le côté AC de 30 pouces, l'angle CED de
2° 29′ & l'angle ECD de 176° 10′, ce qui
donne CD ; mais par les formules ordinaires
de Dioptrique, on connaît le foyer F des
rayons qui tombent infiniment près de l'axe;
l'aberration FD est conséquemment déterminée par-là. On suivra le même procédé
pour toutes les autres surfaces, observant
d'employer jusqu'aux tierces, & on parviendra à connaître exactement l'aberration du
système des lentilles. Si on multiplie cette
aberration prise dans le sens de la largeur,
par le pouvoir amplifiant de l'oculaire, &

que l'angle tracé fur la rétine foit moindre que 30″, l'objectif pourra porter 4 pouces d'ouverture ; parce qu'un angle de 30″ ne fe voit pas à la fimple vue.

Je remarquerai que lorfqu'on tire des formules, des dimenfions d'objectifs fans aberration, on doit faire enforte que les rayons des fpheres approchent le plus qu'il eft poffible de l'égalité. J'obferverai encore que plufieurs des dimenfions qui détruifent l'aberration, font fujettes à un inconvénient. Une legere différence dans la mefure de la réfraction moyenne, les rend défectueufes ; mais on peut éviter cet inconvénient en faifant, dans la valeur de y, varier la réfraction moyenne : l'expérience fixera la valeur de la différentielle. J'avais commencé à dreffer une table de fyftêmes d'objectifs à deux, trois & cinq verres ; mais l'incertitude où nous fommes fur la quantité de la réfraction, a fufpendu mon travail, & j'ai tourné mes vues fur les moyens de la mefurer exactement.

M.ʳ Jean Dollond a regardé la mefure de la réfraction moyenne comme une recherche importante pour la perfection des lunettes achromatiques : on peut voir par l'extrait fuivant d'un de fes Mémoires, qu'il a été plus fcrupuleux dans cette mefure que dans celle de la difperfion des couleurs. La raifon,

dit-il, du finus d'incidence au finus de réfraction, dans le crown-glaff, eft comme 1
à 1,53, à peu près, & dans le flint-glaff
blanc, comme 1 à 1,583; la divergence
des couleurs, dans le crown-glaff, eft à celle
qui a lieu, dans le flint-glaff blanc à même
réfraction, comme 2 à 3, à peu près. Je
n'ai pas été, ajoûte-t-il, fort exact dans la
détermination de ce dernier rapport, parce
que 1.º une détermination plus précife aurait été très-pénible. 2.º Parce que je penfe
qu'elle eft peu importante dans la pratique,
en comparaifon de la correction des aberrations qui procedent de la fphéricité des furfaces. M^r. Clairaut qui a fait, avec le plus
grand foin, les mêmes expériences que M.^{r}
Dollond, a trouvé que la réfraction moyenne,
qui a lieu dans le flint-glaff, était affez bien
exprimée par le rapport de 1 à 1,6. D'où
peut provenir cette différence entre la détermination de Mr Clairaut & celle de M.^{r}
Dollond? Doit-on l'attribuer à la diverfité
du flint-glaff, dont il eft rare de trouver deux
morceaux également chargés de plomb? Je
crois que cette raifon peut bien y entrer
pour quelque chofe; mais j'efpere faire voir
que les moyens dont on s'eft fervi jufqu'à
préfent, pour déterminer la réfraction moyenne, ne pouvant point en donner une mefure

exacte, il fe peut faire que cela foit en partie caufe que les expériences de M.ʳ. Dollond fur cet objet ne s'accordent point avec celles de M.ʳ Clairaut. En effet, l'un & l'autre fe font fervi, à l'exemple de M.ʳ Newton, de prifmes pour cette mefure ; mais il est aifé de voir, par la définition même de la réfraction moyenne, que les prifmes ne peuvent la déterminer avec précifion ; car, ou l'on n'attache point d'idée nette à ce mot, ou bien on entend par-là la réfraction qui forme le foyer d'une lentille. Or, le vrai foyer eft- il au point de réunion des rayons rouges, ou à celui des rayons verds, ou à celui des rayons violets? C'eft ce qui ne me paraît pas facile à déterminer. Par conféquent, pour avoir la réfraction moyenne, il faut néceffairement employer les foyers de lentilles, & abandonner les prifmes, parce que l'image qu'ils produifent étant rétrécie ou dilatée, ne peut être comparée à une image naturelle, fans laiffer une grande indécifion.

Cette confidération m'a engagé à me fervir de lentilles ; & comme il m'a paru d'abord difficile de fixer exactement la réfraction moyenne abfolue d'un milieu, parce qu'il eft néceffaire d'avoir non-feulement le foyer de la lentille, ce qui eft affez facile, lorfqu'elle a un foyer positif, mais encore les rayons de courbure de ses faces, ce qui est en certain cas difficile, j'ai cherché une méthode qui pût me donner le rapport de la réfraction moyenne entre deux matieres. Pour y parvenir, j'ai applani deux plateaux, dont l'un était de flint-glass & l'autre de verre commun; je les ai joint de maniere à ne faire qu'une seule lentille composée des deux matieres; jai collé avec de la gomme, sur un autre verre plan, le côté plan de cette lentille : par ce moyen, il m'a été facile de tailler la seconde surface de cette lentille dans un bassin qui pût donner la même courbure aux deux matieres dont cette lentille est composée; fixant ensuite, par expérience, le foyer que donne chaque matiere, la différence des foyers donnera la différence des réfractions. J'ai trouvé en composant une lentille mi-partie de flint-glass & de verre commun, que le foyer du verre commun était de 6 pieds 2 lignes & celui de flint-glass de 5 pieds 3 pouces 7 lignes; ce qui donne 8 pouces 7 lignes pour la différence des foyers. Pour avoir la différence des réfractions, il faut se rappeller la formule des verres plans convexes. Soit f le foyer, r le rayon, m à 1 le rapport de réfraction; on a $\frac{1}{f} = \frac{m-1}{r}$;

ce qui devient pour le verre de France

$$\frac{1}{866} = \frac{m-1}{r},$$ & pour le flint-glaſſ $\frac{1}{763}$

$$= \frac{m'-1}{r};$$ donc $866\,m = 763\,m' + 103.$

Par conséquent ſuppoſant la réfraction moyenne, qui a lieu dans le verre de France, d'après Mr Newton, on aura $m = 1,55$, & $m' = 1,62.$

Afin de conſtater encore cette détermination, j'ai fait une lentille qui ne differe de celle que je viens de décrire, qu'en ce que ſon foyer eſt plus court & que les morceaux de flint-glaſſ & de verre commun ne ſont pas tirés du même plateau. Le pouce cube du flint-glaſſ de cette derniere lentille peſe 1263 grains, tandis que celui de la premiere ne peſe que 1240 grains. Le foyer du verre de France eſt de 28 pouces 4 lignes, & celui du flint-glaſſ de 25 pouces ; par conſéquent

$$\frac{1}{340} = \frac{m-1}{r}, \quad \& \quad \frac{1}{300} = \frac{m'-1}{r}, \text{ ou}$$

$34\,m = 30\,m' + 4$; & en ſuppoſant $m = 1,55$, on aura $m' = 1,62.$ On voit par-là avec quelle préciſion on peut obtenir la relation entre la réfraction moyenne de deux différentes matieres, & cela ſuffit pour anéantir ſenſiblement les aberrations qui proviennent de la figure ſphérique des lentilles. Eſſayons cependant d'en avoir une abſolue.

Il faut tailler la matiere dont on veut connaître la réfraction abfolue en lentille bi-
concave, & en trouver les rayons de courbure par réflexion ; ce que l'on peut obtenir
en introduifant , dans une chambre obfcure,
un rayon folaire par un petit trou pratiqué
au volet de la fenêtre. On y met en croix
deux cheveux fort fins ; ce qui entoure ce
trou doit être blanc afin que le rayon folaire tombant fur la furface concave de la
lentille , fe réfléchiffe fur le volet & y trace
une image diftincte du trou & des cheveux,
à côté même du trou ; la diftance du verre
au volet fera égale au rayon de la furface.
Quand on a pris les deux rayons de la lentille , il faut en chercher le foyer ; on pour-
roit le déterminer en couvrant la lentille d'un
papier percé de plufieurs trous , préfentant
cette lentille au foleil & recevant fur un écran
les cercles lumineux ; leur écartement donne
par le fecours des formules de Dioptrique
le foyer de la lentille; mais cette méthode
ne me paraît pas affez précife pour l'objet
propofé : il vaut mieux recourir à l'expédient
fuivant. Ayant pris une lentille d'une matiere quelconque, plus convexe que celle
qu'on veut examiner n'eft concave , on mefure le foyer de la lentille convexe , puis
celui qui réfulte de la lentille convexe com-

binée avec la lentille concave, d'où l'on déduit le foyer de la lentille concave ; les rayons de cette lentille étant d'ailleurs connus, il en résulte qu'on découvre la réfraction moyenne absolue : c'est en suivant cette méthode que j'ai trouvé que la réfraction moyenne du verre commun est 1,543. Je crois devoir observer qu'on peut toujours avoir la réfraction moyenne absolue du flint-glass, dans les objectifs à trois verres, parce que la lentille de flint-glass doit être bi-concave : ainsi celle du verre commun de France ne variant pas sensiblement, les Artistes pourront avec un peu de soin la déterminer avec une exactitude suffisante ; ils doivent d'abord tailler suivant les regles que prescrit la théorie, un des verres convexes, puis le verre concave dont on cherchera la réfraction moyenne ; & par le secours d'une table d'une construction & d'un usage facile, ils trouveront les dimensions que doivent avoir les surfaces de la troisieme lentille pour produire le plus grand effet.

Après cette exposition de mes recherches sur la mesure de la réfraction, celles que j'ai faites sur la dispersion des couleurs, doivent trouver ici leur place. On sait que les prismes fournissent deux moyens pour avoir la dispersion ; il me paraît qu'on doit

craindre de se servir du spectre, à cause
que la différence du rouge au verd n'est
pas proportionelle à la différence du rouge
au violet ; d'où il suit qu'on a bien par
cette méthode le moyen de faire co-incider
le foyer des rayons rouges avec celui des
rayons violets ; mais alors il y a de l'aberration causée par les rayons verds. Or il
n'y a que l'expérience qui puisse décider
s'il est plus avantageux de réunir parfaitement le rouge & le violet, que le verd &
le rouge.

Les prismes adossés m'ont paru éviter en
partie cet inconvénient , car on est le
maître de choisir des angles où l'aberration soit la moins sensible ; cependant je
ne vois rien de mieux que de se servir
pour cette détermination d'un objectif à
deux verres qui soit tel qu'on puisse présenter à peu près indifféremment la lentille
de flint-glass ou de crown-glass à l'objet.
S'il n'est pas construit dans le rapport qui détruit les iris, il y aura de l'aberration de
réfrangibilité, & conséquemment la lentille
de flint-glass sera trop ou trop peu concave :
si elle est trop concave, il faut tourner la lentille de crown-glass du côté de l'objet ; il
faut ensuite séparer les deux lentilles qui
étaient accolées & mettre entr'elles un inter-

valle tel qu'en regardant dans la lunette, on ne s'apperçoive pas qu'il y ait aberration de réfrangibilité : cette distance combinée avec le foyer particulier des lentilles donne la dispersion. Si la lentille de flint-glass n'est pas assez concave, il faut la tourner du côté de l'objet & suivre le même procédé.

Pour savoir avec précision si un objectif détruit les couleurs, il faut regarder deux objets éloignés, posés à la même distance & à côté l'un de l'autre, l'un rouge & l'autre bleu ; si on les voit tous les deux également distinctement, sans avancer ni reculer l'oculaire, c'est une preuve qu'il n'y a pas d'aberration de réfrangibilité. Je vais donner ici la formule qui sert à trouver la dispersion dans l'expérience que je viens d'indiquer.

Les principes de Dioptrique donnent $\frac{1}{f} = (m - 1)(\frac{1}{r} + \frac{1}{R}) - \frac{1}{d}$, f étant le foyer, d la distance de l'objet à la lentille, r & R les rayons de courbure, m à 1 le rapport de réfraction de l'air dans le verre. Je fais $\frac{1}{r} + \frac{1}{R} = \frac{1}{g}$, j'aurai $\frac{1}{f} = \frac{m - 1}{g} - \frac{1}{d}$. Pour une seconde lentille, on aura pareillement $\frac{1}{F} = \frac{M - 1}{G} - \frac{1}{D}$. Si les deux lentilles sont séparées par un intervalle e, on aura $D = e - f$; $\frac{1}{D} = \frac{1}{e-f}$, $f = \frac{g}{m-1}$, parce que d $= \infty$; donc $\frac{1}{D} = \frac{m-1}{(m-1)e-g}$ ou $\frac{1}{F} = \frac{M-1}{G} + \frac{m-1}{g-(m-1)e}$. En différenciant cette expression, observant de faire varier M & m, & faisant cette différentielle égale à zero, on aura $\frac{dM}{G} + \frac{[g-(m-1)e]dm + (m-1)edm}{[g-(m-1)e]^2} = 0 = \frac{dM}{G} + \frac{g\,dm}{[g-(m-1)e]^2}$, en supposant e une quantité petite relativement à g. On pourra négliger le terme où entre e^2, & on aura $\frac{dM}{G} + \frac{dm}{g - 2e(m-1)e} = 0$, ou $- dM : dm :: G : g - 2e(m-1)$. Quand les lentilles sont accolées, $e = 0$, & $- dM : dm :: G : g$. Si les dispersions dans le crown-glass & dans le flint-glass sont comme 3 à 2, c'est-à-dire, que $- 3 : 2 :: - dM : dm$, & que d'ailleurs G soit de 12 pieds, il est clair que l'objectif ne peut être exempt de couleurs qu'autant que g sera égal à 8 pieds, à moins que les lentilles ne soient séparées par un intervalle. Supposant g de 8 pieds 4 pouces, on aura $2e(m-1) = 4$ pouces : or, $m = 1,55$; donc $e = 44$ lignes,

lignes, à peu près ; c'est-à-dire, que les deux lentilles doivent être séparées, dans ce cas, par un intervalle de 44 lignes, pour que l'objectif soit absolument exempt d'aberration de réfrangibilité. J'ai trouvé par cette méthode le rapport des dispersions d'environ 32 à 20, au lieu de celui de 3 à 2 qui a été trouvé par M.ᵣ Dollond.

D'après ce rapport, on a construit deux especes d'objectfs qui ont eu un bon succès, & dont voici les dimensions. Pour un objectif à deux verres dont les deux surfaces intérieures sont égales & contigues, & les surfaces extérieures aussi égales entr'elles, les rayons des surfaces extérieures doivent être aux rayons des surfaces intérieures, comme 9 à 2. Pour un objectif à trois verres, dont la lentille de flint-glass est également concave des deux côtés, & les quatre surfaces des deux lentilles de crown-glass, taillées dans le même bassin, les rayons des surfaces convexes doivent être aux rayons des surfaces concaves, comme 24 à 20.

En cherchant à perfectionner les télescopes dioptriques, j'ai eu principalement en vue de les rendre propres aux observations d'éclipses des Satellites de Jupiter ; mais quand on parviendrait à rendre ce

C

ſervice à la Navigation, on ne devrait pas pour cela renoncer aux obſervations de diſtance d'étoiles à la lune ; & quoique l'octant ne meſure pas avec aſſez de préciſion ces diſtances, cependant en y adaptant une petite lunette achromatique, je penſe qu'on prendra les angles à la mer à une minute près. Au reſte, on peut ſubſtituer avec avantage dans certaines occaſions l'héliometre de Mr Bouguer à l'octant. Ne pourrait-on pas même rendre l'héliometre propre à meſurer des angles conſidérables en faiſant décrire aux objectifs des arcs de cercle ? L'héliometre achromatique ferait encore certainement bien plus parfait que l'héliometre ſimple ; mais pour en tirer tout le parti qu'on en peut attendre, on ſera contraint de le changer en micrometre objectif.

Je crois pouvoir terminer ce Mémoire par l'expoſition d'un doute qui m'a été communiqué ſur la nature du flint-glaſſ ; on a cru qu'il était compoſé de minium & de cailloux : il eſt certain qu'il entre un métal dans ſa compoſition ; mais ce ſerait peutêtre du biſmuth calciné au lieu de plomb calciné : ce ſoupçon eſt fondé ſur ce que le ſtraſſ ſe revivifie plus aiſément que le flintglaſſ. Pour m'en aſſurer par expérience, j'ai fait fondre dans un charbon deux morceaux de ſtraſſ & de flint-glaſſ, d'égal volume & de même peſanteur, pour rendre le phlogiſtique au métal vitrifié; j'ai trouvé que le ſtraſſ ſe revivifiait plus facilement & beaucoup mieux que le flint-glaſſ.

MÉMOIRE

Sur un moyen d'observer facilement en mer les éclipses des Satellites de Jupiter *.

ON décompose presque toujours le chemin que fait un Vaisseau en latitude & en longitude. La latitude est connue par la hauteur méridienne des astres. On a par la boussole corrigée de la dérive & de la variation, l'angle de la route avec le méridien, & le sillage du Navire donne l'espace parcouru; d'où on déduit assez aisément la longitude.

Dans cette opération qui se nomme *le Point*, en terme de pilotage, il est difficile d'apprécier, avec exactitude, la vîtesse du Vaisseau; pour la connaître, on jette le loc, piece de bois attachée à une ficelle que

<hr>

* J'ai adressé ce Mémoire à l'Académie au mois de Novembre 1766.

C iij

l'on dévide à mesure que le Vaisseau s'en écarte ; mais les courants, lorsqu'il s'en trouve, rendent ce moyen très-défectueux, ainsi que la lame qui altere la justesse du loc, principalement quand le Vaisseau court vent-arriere. Les méthodes de l'estime & du loc seront toujours nécessaires ; mais à quelque degré de perfection qu'on les pût porter, soit par quelqu'addition ou par une plus grande adresse d'exécution, ce ne seront jamais que des tatonnemens & non des méthodes sûres : quand on est forcé d'en faire usage, on doit toujours se rappeller qu'il vaut souvent mieux ignorer absolument où l'on est & savoir qu'on l'ignore, que de se croire avec confiance où l'on n'est pas.

Lorsqu'on propose le Problême des longitudes en mer, on demande qu'elles soient aussi sûres que les latitudes. L'extrême importance de cette recherche a déterminé les Anglais & plusieurs autres Nations à promettre des sommes considérables à qui les trouverait. L'Histoire de l'Académie (*Année 1722*) nous apprend que feu M. le Duc d'Orleans, Régent, avait aussi promis de grandes récompenses pour celui qui atteindrait à la précision desirée. L'Astronomie fournit plusieurs moyens de déterminer la longitude, dont la plupart réussit très-bien

à terre , fans avoir eu aucun fuccès jufqu'à-
préfent à la mer. Les éclipfes de lune ont été
d'abord le feul phénomene qui fervît à cet
ufage , puis les occultations d'étoiles par la
lune , & en dernier lieu les appulfes & les
diftances d'étoiles à la lune. Feu M.ʳ Caffini
eft le premier qui ait appris à faire fervir
des éclipfes de foleil au même ufage que
celles de la lune * ; il a auffi donné des tables
pour les éclipfes des Satellites de Jupiter,
qui ont été depuis fingulierement per-
fectionnées par M.ʳ Vargentin.

Les éclipfes des Satellites de Jupiter fe
font ou par Jupiter ou par fon ombre ; elles
fe font par Jupiter , foit lorfqu'étant dans
la partie inférieure de leur orbite , ils paffent
devant cette planete , foit lorfqu'étant dans
la partie fupérieure de leur orbite , ils
paffent derriere. Ils peuvent être obfervés
dans ces deux cas ; mais ces deux momens
ne font pas affez précis , parce que les Satellites font effacés un peu avant que d'entrer & après être fortis. Les éclipfes par
l'ombre de Jupiter n'arrivent que dans la partie fupérieure de leur orbite & ont auffi
deux momens , ou quand ils entrent dans
l'ombre ou quand ils en fortent ; ce qu'on
appelle leur immerfion ou leur émerfion.

* Hiftoire de l'Académie 1700.

Lorsque deux Satellites font vus comme pofés fur une ligne perpendiculaire au prolongement de certaines bandes qu'on remarque fur le difque de Jupiter, ils font vus en conjonction ; mais cette perpendiculaire eft trop difficile à bien juger, pour qu'on en puiffe tirer un parti avantageux. Pour trouver la différence de deux méridiens, on ne fe fert donc ordinairement ni des conjonctions des Satellites avec Jupiter ni de leur conjonction entr'eux, mais feulement de leurs émerfions & immerfions.

Les obfervations des éclipfes des Satellites de Jupiter fourniffent la méthode la plus commode & la plus univerfelle de déterminer les longitudes fur terre. C'eft par leur moyen qu'on a fixé la pofition de la plupart des lieux dont on connaît le mieux la longitude ; d'ailleurs, ces fortes d'obfervations n'exigent aucune efpece de connaiffance, il fuffit feulement d'avoir une lunette qui amplifie environ 40 fois les objets en diametre, & d'avoir l'heure pour le lieu où l'on obferve.

Comme les lunettes ordinaires qui amplifient 40 fois, doivent avoir au moins 9 à 10 pieds de longueur, & que plus une lunette groffit, moins elle a de champ, il n'a pas été poffible jufqu'à préfent de faire fur mer ces ſortes d'obſervations, la longueur des lunettes & la petiteſſe du champ ayant été des obſtacles inſurmontables à cauſe de l'extrême embarras & de la priſe qu'a le vent ſur de longues lunettes, & plus encore l'agitation perpétuelle du Vaiſſeau, qui fait perdre continuellement l'objet de vue, ſans qu'on puiſſe le retrouver promptement.

On lit dans l'Hiſtoire de l'Académie (*Année 1722*) l'extrait ſuivant, qui confirme ce que je viens d'avancer. « Ce qu'il y aurait de mieux en mer pour avoir les longitudes par obſervation céleſte, ce ſeraient les Satellites de Jupiter; toute la difficulté eſt qu'il faut ordinairement, pour les appercevoir, des lunettes de 15 à 16 pieds, & qu'on n'en peut gueres manier ſur mer de plus longues que de 5 pieds; car il faut qu'elles ſoient droites & ſans ſe courber, toujours dirigées à l'aſtre, immobiles, au mouvement près qui eſt néceſſaire pour ſuivre l'objet : or, on voit combien tout cela eſt difficile à de longues lunettes ſur un Vaiſſeau agité; cependant je ne déſeſpere pas, ajoûte feu M.r Caſſini, qu'on ne vienne à s'en ſervir aſſez commodément. On peut ménager à l'Obſervateur une eſpece de ſuſpenſion telle qu'il ſe ſentira peu de l'agitation du Navire; alors la lunette ſera appuyée & arrêtée preſque comme fur terre. Sans ce fecours, on peut même par l'exercice & par l'habitude (car de quoi ne viennent-ils pas à bout) acquérir la facilité de retrouver l'aftre dès qu'on l'a perdu, & de le juger affez jufte de moment en moment : ce qui fuffit. On tire bien au vol de deffus un Vaiffeau ; mais ce qui vaudrait encore mieux, ce ferait d'employer de petites lunettes : on peut les pouffer à tel degré de perfection qu'elles en vaudront de plus grandes. J'ai fort bien obfervé fur terre, c'eft encore Mr Caffini qui parle, avec une lunette de trois pieds & demi, une éclipfe du troifieme Satellite ; il eft vrai qu'il eft le plus gros de tous, & qu'alors il était affez éloigné de Jupiter pour n'être pas affaibli par fa lumiere ; mais enfin une lunette de 3 pieds & demi, avec laquelle on a vu ce Satellite, quoique dans des circonftances favorables, doit donner affez d'efpérances : tout dépendra de l'art de perfectionner les lunettes, & il n'eft pas encore épuifé ".

Pour faire mieux fentir toutes ces difficultés, je vais expofer les effais que Mr Bouguer a faits fur ce fujet.

„ S'il ne fallait pas, dit ce celebre Académicien dans fon Traité de Navigation (*page.* *236*), des lunettes de 10 à 12 pieds pour bien obferver les éclipfes des Satellites de

Jupiter, on aurait un moyen très-simple de déterminer en mer les longitudes. On peut, au lieu de lunettes à deux verres, dont se servent ordinairement les Astronomes, se servir de télescopes à miroir. Il suffirait que ces télescopes eussent 18 à 20 pouces de longueur, & il serait beaucoup plus facile de s'en servir malgré l'agitation du Vaisseau; ces instrumens ne formeraient pas un lévier incommode par leur longueur & par leur poids, comme les autres lunettes, qui sont six ou sept fois plus longues, & outre cela ils donneraient moins de prise au vent. J'ai fait quelques tentatives sur ce sujet, qui ne furent pas heureuses, mais qui me font cependant croire qu'on peut imaginer des précautions qui leveraient toutes les difficultés.

N'ayant pas de télescope, j'attachai à une lunette de 9 pieds de longueur une regle qui s'appuyait sur mon épaule pendant que je tenais la lunette appliquée à mon œil; il y avait derriere moi au bout de la régle une espèce de contre-poids qui était en équilibre avec la lunette; je visais ensuite sans me fatiguer à quel point du ciel je voulais; la chose réussissait pendant quelque tems, mais l'agitation du Vaisseau dérangeait bien-tôt la machine, & j'avais ensuite beaucoup de peine à la remettre dans sa premiere situation ; parce que je ne lui imprimais du mouvement qu'avec lenteur, & qu'il fallait outre cela que j'ôtasse l'œil de la lunette pour voir de quel côté je devais me tourner : on sent assez que pour faire cesser une partie de ces difficultés, il n'y aurait qu'à se servir d'un télescope sur lequel l'Observateur agirait beaucoup plus aisément.

On pourrait encore perfectionner cette disposition, & je ne doute pas qu'elle n'eût ensuite un entier succès dans les plus grands Vaisseaux, pourvu que la mer ne fût pas extrêmement agitée. Je mettrais au côté de l'Observateur deux ou trois aides qui le déchargeassent entierement du soin de pointer son télescope, ils tiendraient des regles qu'ils pointeraient eux-mêmes sur Jupiter, & ces regles seraient attachées au télescope auquel elles seraient toujours paralleles ".

Voilà à quoi se réduisent les tentatives de M. Bouguer. S'il avait pu connaître les lunettes achromatiques, il est vraisemblable qu'il eut tenté de nouveau & avec plus de succès ces importantes observations ; car depuis l'invention des lunettes achromatiques, on n'a plus leur longueur à redouter. N'a-t-on pas vu depuis peu entre les mains de M.r le Duc de Chaulnes une lunette achromatique faite par M.ʳ Dollond, le fils, dont l'objectif est à trois verres, & qui n'a que 42 pouces de longueur, faire l'effet d'une lunette de 35 à 40 pieds?

Après cela, peut-on douter qu'on ne puisse avec un objectif achromatique à trois verres, de deux pieds de foyer, observer les éclipses des Satellites de Jupiter, beaucoup mieux qu'avec une lunette ordinaire de 12 pieds? D'ailleurs, que ne doit-on pas se promettre des efforts réunis des Géometres & des Artistes pour le progrès de cette belle découverte?

J'ai fait voir dans mon premier Mémoire qu'il serait très-avantageux de composer les objectifs de cinq verres au lieu de trois, parce que l'aberration de sphéricité y serait presque absolument détruite : on raccourcirait encore par-là beaucoup les tuyaux des lunettes.

Il ne reste donc plus, pour pouvoir observer les éclipses des Satellites de Jupiter sur mer, qu'à trouver le moyen de conserver Jupiter dans la lunette malgré l'agitation du Vaisseau. Voici l'expédient que j'ai imaginé : je crois qu'il laisse peu de chose à desirer & qu'il est réduit à son dernier degré de simplicité. Soit *A* (*Fig. 4.*) une étoile qui envoie des rayons sur un verre lenticulaire *BC*, lequel les réunit en *F*. On sait que si l'œil n'est pas en *G*, il ne saurait voir l'étoile : ainsi l'œil en *H* ne voit point l'astre, parce que les rayons suivent la direction *BF*, *CF*.

Mais si au foyer *F* on met un verre dépoli, dès lors l'œil les voit en un point quelconque *H* comme en *G*, parce que le verre dépoli disperse la lumiere de tous les côtés & que les rayons cessent conséquemment de suivre une direction déterminée : c'est d'ailleurs une épreuve qu'il est facile de faire & sur laquelle il n'est pas possible de former le moindre doute.

On sent encore que plus le verre dépoli aura de diametre, plus l'œil mis dans une direction quelconque embrassera de champ ; de maniere que si le foyer du verre lenticulaire est d'un pied & le diametre du verre dépoli de 4 pouces, pourvu que l'œil soit éloigné de plus de 2 pouces du verre dépoli, il verra toujours environ 19° 10′ de champ. C'est en supposant que l'œil embrasse 90° de champ, qu'il faut que l'œil soit au moins de 2 pouces de distance du verre dépoli ; mais il est beaucoup plus avantageux de le placer à 8 pouces, parce que c'est à cette distance que les vues ordinaires voient le plus distinctement.

Soit *MN* (*Fig. 5.*) une lunette achromatique de deux pieds, avec laquelle on puisse faire les observations des Satellites de Jupiter. J'adapte sur un côté de cette lunette un verre lenticulaire P de 4 pouces de diametre & de 12 pouces de foyer; je place à son foyer un verre R mince, régulierement & légerement dépoli, de 4 pouces de diametre : si je me contente de 19° 10′ de champ, du verre dépoli à l'œil, l'intervalle doit être de 6 à 8 pouces. Je dirige ensuite la lunette sur un astre assez lumineux, & lorsqu'il me paraît au milieu du champ de la lunette, j'observe en même tems sur quel endroit du verre dépoli se peint l'image de cet astre : je marque cet endroit B par un petit point noir, & je puis être assuré que toutes les fois que l'astre me paraîtra caché par le point noir, ce même astre paraîtra dans la lunette achromatique au milieu du champ.

Cela fournit un moyen bien simple de retrouver avec une extrême facilité un astre que l'agitation du Vaisseau aurait fait perdre. Pour cet effet, il suffit de regarder avec un œil dans la lunette, tandis qu'avec l'autre œil on regarde le verre dépoli (car il ne faut pas une grande habitude pour regarder dans une lunette, les deux yeux ouverts, sur-tout la nuit). Comme cet œil voit sur le verre dépoli un champ de plus de 19°, il ne peut perdre l'aftre de vue & peut le ramener au point noir très-aifément ; auffi-tôt l'autre œil le voit au milieu de la lunette.

On apperçoit beaucoup mieux le point noir pendant la nuit, lorfqu'on n'enferme pas le verre lenticulaire & le verre dépoli dans un tuyau ; on doit donc s'en difpenfer à moins que la clarté de la lune n'efface la peinture de Jupiter fur le verre dépoli : en ce cas, qui eft affez rare, on eft contraint d'intercepter la lumiere par un tuyau très-leger.

L'expérience m'a prouvé qu'un verre lenticulaire de 2 pouces de diametre & de 12 pouces de foyer formait une peinture de Jupiter, fur le verre dépoli, affez lumineufe pour être apperçue facilement ; on peut cependant lui donner, fans inconvénient, jufqu'à 4 pouces de diametre ; & comme la clarté eft en raifon directe du carré de l'ouverture d'une lentille, lorfque fa diftance focale eft conftante, on obtient par-là une peinture de Jupiter extrêmement lumineufe, qui fe voit fur le verre dépoli avec beaucoup de clarté, fous quelqu'obliquité qu'on veuille la regarder.

Jupiter étant un des aftres des plus brillans du ciel,

ciel, & d'ailleurs ayant un diametre sensible, on ne doit pas craindre de le confondre avec les étoiles, même avec celles de la premiere & deuxieme grandeur, qui pourraient par hasard se trouver près de lui.

Quant à l'habitude d'observer la nuit, les deux yeux ouverts, je puis assurer, d'après ma propre expérience & celle de plusieurs autres personnes, qu'il ne faut pas s'exercer plus d'une heure pour acquérir cette habitude.

Enfin, on ne peut réfléchir sur la pratique des observations des Satellites de Jupiter, qu'on ne soit forcé d'avouer que c'est un très-grand inconvénient de quitter l'œil d'une lunette, qui doit amplifier beaucoup, pour pointer à Jupiter ; parce que dans l'intervalle de tems qu'on est à remettre l'œil dans l'endroit où la vision est parfaite, le mouvement dérange l'objet du champ de la lunette : c'est pourquoi M.ʳ Bouguer voulait qu'un second Observateur fût uniquement occupé à diriger la lunette à l'astre; mais il faudrait un accord si parfait entre les deux Observateurs, que je doute que ce moyen pût réussir, du moins l'ai-je essayé inutilement. Cela vient en partie, ce me semble, de ce qu'il ne suffit pas d'amener l'astre dans le champ de la lunette, il faut encore qu'on le place dans l'endroit du champ où la vision est la plus distincte.

Dans notre instrument, les deux yeux sont substitués avec avantage aux deux Observateurs ; & on est de plus assuré qu'il y aura un accord parfait.

On peut conclure de tout ceci que pour pouvoir observer sur mer les éclipses des Satellites de Jupiter, il faut un instrument qui amplifie beaucoup & en même tems ait un champ fort vaste. L'invention d'un pareil instrument présentait dans sa construction, l'impossibilité apparente de réunir ces deux avantages, puisque le champ est toujours en raison inverse du grossissement : je ne doute pas que c'est ce qui a détourné les Astronomes de s'occuper de cette recherche.

Le moyen que je viens de proposer était, ce me semble, si facile à imaginer, que je pense qu'il n'a aujourd'hui le mérite de la nouveauté, que par l'espece de contradiction qui se présente dans l'énoncé de la question qui fait l'objet de ce Mémoire : c'est un aveu que je crois devoir faire en le terminant, il me coûte d'autant moins que je n'ai d'autres vues que celle de me rendre utile.

MÉMOIRE*

Sur les moyens de rendre l'Héliometre de M.ʳ Bouguer, propre à mesurer des angles considérables, afin de faciliter les observations de distances d'Étoiles à la Lune.

LEs Astronomes conviennent (*Voyez Exposition du Calcul astronomique, page 155*) que l'héliometre est de tous les instrumens le plus propre à mesurer avec précision des distances d'étoiles à la lune. Cette application n'avait pas échappé à M.ʳ Bouguer, lorsqu'il en donna pour la premiere fois la description & l'usage dans les Mémoires de l'Académie, *année 1748* ; mais cet instrument, sous la forme que lui donnent les Astronomes, ne mesurant que de très-petits

* Ce Mémoire a été lu à l'Académie au mois de Février 1767.

D ij

angles, ne peut fervir qu'à mefurer de petites diftances d'étoiles à la lune ; cependant
il eft effentiel de le rendre fufceptible de
mefurer des angles affez confidérables, parce
que le grand éclat de la lune & l'agitation
du Vaiffeau effacent l'impreffion des petites
étoiles & que la lune eft quelquefois affez
éloignée des étoiles qui, par leur éclat, font
fufceptibles d'être obfervées.

Cette confidération m'avait engagé à examiner, dans mon premier Mémoire, fi on
ne pouvait pas rendre l'héliometre fufceptible
de mefurer des angles confidérables. Les
principes de Dioptrique fur lefquels la théorie de cet inftrument eft fondée, me firent
naître l'idée de faire décrire aux objectifs
des arcs de cercle dont le rayon ferait égal
à la diftance focale de l'objectif. J'ignorais
alors que M.ʳ Bouguer avait propofé le
même expédient dans fon Mémoire déja cité.

On fait que l'héliometre eft un inftrument
compofé de deux objectifs combinés avec
un feul oculaire ; un de ces objectifs eft mobile
& peut s'approcher ou s'éloigner, felon le
befoin, par le moyen d'une vis. Le mouvement de l'objectif fe fait en ligne droite,
& cela ne peut caufer d'erreur confidérable
dans la mefure d'un petit angle ; mais il
n'en eft pas de même, fi on vouloit s'en

fervir à mefurer des angles confidérables.

Lorfqu'on voudra (dit M.ʳ Bouguer) que l'héliometre ferve pour des angles plus grands, il faudra rendre chaque objectif mobile & munir les micrometres qui les feraient mouvoir, de vis plus longues ; mais il faudrait aufli alors en vérifier la valeur par des opérations trigonométriques faites en grand.

Rien n'empêcherait de rendre notre nouvel inftrument également propre à mefurer des angles de grandeurs beaucoup plus différentes ; il n'y aurait pour cela qu'à fe procurer la commodité, indépendamment du jeu du micrometre, de changer les objectifs de place & regler leurs diftances par le moyen d'une efpece de limbe mis à côté ; on pourrait encore fi on le voulait, appliquer chaque objectif fur une platine différente & faire glifler l'une fur l'autre : il eft facile d'imaginer une infinité d'autres difpofitions. Il y a tout lieu de croire qu'on ne trouverait pas de difficulté à obferver avec un pareil inftrument, pourvu qu'il n'eut qu'une longueur médiocre, les angles qui iraient jufqu'à trois & quatre degrés, quoique ces deux images commençaffent à fe préfenter un peu obliquement.

M.ʳ Bouguer poufle encore la précifion plus loin, & dit dans un autre endroit du

D iij

même mémoire que dans la mesure même
des petits angles ce serait le mieux que
les deux objectifs ne fussent pas absolument dans le même plan, mais qu'ils fussent
un peu inclinés l'un à l'autre.

Si les objectifs se mouvaient dans le même
plan, le point de contact des deux objets
se trouverait formé par des rayons qui
tombant obliquement sur l'axe des objectifs,
se réuniraient beaucoup moins parfaitement que s'ils étaient perpendiculaires à
l'axe. Ce n'est pas ici le lieu de chercher
le rapport de cette aberration à celle de
l'axe, cette recherche me mènerait trop
loin, elle serait d'ailleurs déplacée. Il me
suffit de remarquer que ce défaut qui n'est
pas fort sensible dans la mesure des petits
angles, devient assez grand dans la mesure
d'angles considérables. Il empêche aussi que
l'Observateur saisisse avec précision le point
de contact quand bien même il ferait varier la distance de l'oculaire à ce point selon
la difformité de l'objet, observant d'y avoir
égard dans la division de l'instrument.

On est donc bien éloigné dans ce cas
d'obtenir avec l'héliometre cette précision
qui le fait préférer, pour la mesure précise
d'un angle, aux autres instrumens qui servent aux mêmes usages ; sur-tout si on fait

attention aux autres erreurs qui font encore beaucoup plus confidérables que le défaut dont nous venons de faire mention ; tels font, par exemple, l'erreur caufée par la parallaxe optique ; l'obliquité de la peinture des aftres au foyer des objectifs ; la vifion indiftincte de l'objet par les bords prifmatiques de l'oculaire.

En faifant décrire aux objectifs un arc de cercle qui ait pour rayon la diftance focale de l'objectif, on remédie au mauvais effet produit par l'obliquité des rayons fur l'axe des objectifs, mais les autres inconvéniens fubfiftent. Il faut cependant convenir que l'erreur caufée par la parallaxe optique y eft moindre ; mais à moins qu'on ne fe ferve d'objectifs achromatiques, elle eft affez confidérable dans la mefure d'un angle de 3 à 4 degrés , car on voit aifément que la parallaxe optique croît en raifon directe de la grandeur des angles. M.ʳ Bouguer dans fon traité de la figure de la terre nous apprend que cette parallaxe eft un obftacle qu'il n'a pu furmonter entiérement. Il ne s'eft garanti du mauvais effet qu'elle produit qu'en faifant paffer l'aftre à peu de diftance du centre du champ, comme à 1′ ou 2′. On évite de cette forte , ajoûte-t'il , une obliquité dans la

vision de l'objet, qui peut être très-préju-
diciable; cette attention lui a paru si essen-
tielle qu'il n'a pu se résoudre dans ses
observations à comprendre plusieurs étoiles
dans le champ de sa lunette, en la laif-
sant dans la même situation, & il a toujours été très-exact à pointer sur chacune
afin de l'avoir plus près du centre.

Quant à la confusion qui provient de la
vision par les bords prismatiques de l'oculaire, elle est excessive lorsqu'on veut embrasser un champ considérable, à moins
qu'on ne se serve d'oculaires achromatiques;
ce qui a de très-grands inconvéniens, parce
que les oculaires ne sont pas comme les
objectifs de petites portions de spheres.

D'ailleurs la grandeur de l'arc qu'on peut
mesurer avec l'héliometre, étant en raison
directe de l'ouverture de l'objectif & du
diametre de la prunelle, & en raison inverse
de la distance focale de l'oculaire, il est
borné par-là à la mesure d'assez petits angles.
Je suppose en effet que la distance focale
des objectifs soit de trois pieds, l'oculaire
qui convient à cet objectif est, suivant
l'expérience, d'un pouce. Si on suppose
l'ouverture de la prunelle d'environ deux
lignes, on aura cette proportion : 12 lignes,
foyer de l'oculaire, est à une ligne, demi-

diametre de la prunelle, comme le rayon des tables eſt à la tangente de la moitié de l'arc que l'héliometre peut embraſſer, qu'on trouve de 9° 36′

Ainſi, le plus grand angle qu'on peut meſurer avec cet inſtrument, eſt de 9° 36′.

On peut démontrer très-aiſément ce que je viens d'avancer, de la maniere ſuivante.

Soit S & T (*Fig. 6.*) deux étoiles qui font entr'elles l'angle SCT ; les rayons qui partent de l'étoile T, tombent ſur la lentille B qui les réunit en C ; ceux qui partent de l'étoile S, tombent ſur la lentille A qui les réunit auſſi en C. Ne conſidérons d'abord que les axes optiques : les rayons principaux BC, AC rencontrent l'oculaire, l'un en D & l'autre en E.

Comme la diſtance du foyer C à l'oculaire doit être égale, dans les vues ordinaires, à la diſtance focale de l'oculaire, tous les rayons ſortent de l'oculaire paralleles entr'eux, ſans en excepter les axes optiques BD, AE. Il eſt donc inutile que le diametre de l'oculaire excede l'ouverture de la prunelle : ainſi en ſuppoſant l'ouverture de la prunelle de 2 lignes, $DE = 2$ lignes; donc $GE = GD = 1$ ligne, & CG, diſtance focale de l'oculaire, $= 12$ lignes. On a donc $CG : GE ::$ le rayon des tables eſt à la tangente de l'angle *GCE*.

Dans tout ceci nous n'avons pas fait attention à l'ouverture des objectifs ; mais on peut y avoir égard en faiſant cette analogie : le diametre de l'objectif eſt à la largeur du faiſceau ſur l'oculaire , comme la diſtance focale de l'objectif eſt à la diſtance focale de l'oculaire ; ſi l'ouverture de l'objectif eſt de 12 lignes , la largeur du faiſceau de lumiere ſur l'oculaire eſt d'un tiers de ligne.

C'eſt donc un tiers de ligne à retrancher des deux lignes que nous ſuppoſons pour l'ouverture de la prunelle , lorſqu'on veut que les objets ſe peignent dans l'œil avec toute la lumiere qui tombe ſur les objectifs : ce qui réduit l'angle qu'on peut meſurer avec l'héliometre , à 7° 56'.

Puiſque le diametre de l'oculaire ne rend pas l'héliometre ſuſceptible de comprendre des arcs plus grands , il me paraît qu'on peut ſans inconvénient , ſubſtituer aux oculaires convexes , les oculaires concaves. Cette remarque avait échapé , ce me ſemble , aux Aſtronomes qui ſe ſont occupés de cet objet , & elle eſt cependant aſſez intéreſſante.

Enfin il paraît qu'il eſt difficile d'exécuter avec préciſion un héliometre dont les objectifs décrirait des arcs de cercle.

N'y aurait-il pas moyen d'éviter ces inconvéniens, & de rendre cependant l'héliometre propre à mesurer des angles considérables? Voici le moyen que j'ai imaginé, & qui fera, ce me semble, disparaître en partie la difficulté.

Je ne change rien à la construction de l'héliometre, dont les Astronomes se servent; je fais seulement glisser une platine qui porte différens prismes achromatiques. Je pose devant l'objectif le prisme qui est relatif à la mesure de l'angle que je veux prendre & dont on connaît par expérience la réfraction avec exactitude.

On sait que les prismes achromatiques ne défigurent point l'objet, ils refractent sans produire de couleurs ; on peut donc les destiner aux mêmes usages que les miroirs plans dont on connaît l'utilité dans plusieurs instrumens, pour faire prendre à la lumiere une direction quelconque ; car sans parler du polemoscope, de la chambre obscure & du quartier de réflexion, on se sert dans le télescope Newtonien, d'un miroir plan de métal incliné de 45° pour jetter la lumiere de côté, & rendre sa direction perpendiculaire à l'axe du grand miroir.

Je suppose que l'héliometre auquel je veux faire mesurer des angles de 24°, en mesure

6° par l'écartement des objectifs. Je prends trois prismes achromatiques, dont le premier cause une réfraction de 6°, le second de 12°, le troisieme de 18°. Il importe peu qu'il y ait quelques minutes de plus, pourvu qu'on y ait égard ; ainsi cette condition ne renferme rien qui ne soit praticable. Je mets ces trois prismes dans un chassis qui glisse dans une rainure, de maniere qu'on peut faire passer devant un des objectifs, le prisme qui convient. Ainsi si on veut mesurer un angle de 15° 30′, on interpose le prisme qui cause une réfraction de 12°, & l'écartement des objectifs fera le reste.

On sent que je n'ai dû avoir d'autre but dans cette construction, que d'éviter les erreurs dans lesquelles on tombe en faisant décrire aux objectifs des arcs de cercle. D'ailleurs l'invariabilité des angles des prismes rend, ce me semble, cet instrument aussi précis qu'on peut le desirer.

Arrêtons-nous un moment aux objections que l'on peut faire contre cet instrument & qu'il est bon de prévenir.

Je ne puis dissimuler que la différente inclinaison de la lumiere sur le prisme, peut causer une variation dans la réfraction; mais cette variation est très-petite, & il est facile d'y avoir égard, sans rien changer à la graduation de l'instrument ; il suffit de la calculer pour toutes les obliquités qui en donnent une sensible.

Afin de mieux saisir la difficulté, je vais reprendre ici, en peu de mots, les formules de Dioptrique qui sont relatives à cet objet. Soit l'angle d'incidence que fait la lumiere avec la perpendiculaire à la surface du prisme $= a$; l'angle du même prisme $= b$; & soit le rapport du sinus d'incidence au sinus de réfraction, en entrant dans le verre, comme m à 1. Si l'on nomme y l'angle que font ensemble le rayon incident & le rayon rompu, la Géometrie donne $y = (m - 1) b$

$$+ \frac{m^2 - 1}{6 m^2} \left\{ (m b - a)^3 + a^3 \right\}, \text{ à peu près;}$$

ce qui se réduit à $y = \overline{m - 1} b$, lorsque l'angle du prisme & celui d'incidence ne font pas considérables. On voit par-là que dans une nature de verre déterminée, m se trouve une quantité constante, & b étant aussi constant par sa nature, y le devient sensiblement.

Si on a deux prismes contigus & de matiere différente, comme dans le cas dont il s'agit, soit b' l'angle du second prisme, m' à 1 le rapport de réfraction, y' l'angle de réfraction que les rayons incidens sur les prismes forment avec les émergens. On

aura, à peu près, $y' = (m' - 1) b' -$
$(m - 1) b + \frac{m'^2 - 1}{6 m'^2} \{ (m'b' - mb + a)^3$
$+ (mb - a)^3 \} - \frac{m^2 - 1}{6 m^2} \{ (mb - a)^3$
$+ a^3 \}$; ce qui donne à peu près, lorfque les angles des prifmes font petits, $(m' - 1)$ $b' - (m - 1) b = y'$.

Si on veut détruire les iris dans ces deux prifmes, il n'y a qu'à différencier $(m' - 1)$ $b' - (m - 1) b$, en ne faifant varier que m' & m, & faire enfuite cette différentielle égale à zero. On aura $b'dr' - bdr = 0$, ou $b'dr' = bdr$, lorfqu'on emploie du flint-glaff & du verre commun. Le rapport de dr à dr' eft, felon Mrs Clairaut & Dollond, comme 2 à 3, & fuivant des expériences que j'ai faites en me fervant d'une méthode qui m'eft propre, comme 5 à 8. On pourra me demander s'il ne fe trouve pas de la difficulté à mefurer exactement la réfraction que produifent les prifmes. Ma réponfe à cette objection fe tire de la méthode qu'on doit employer pour mefurer cet angle avec précifion.

Il faut prendre une lunette qu'on dirige fixement à un objet tracé fur une bafe qui doit être à 20 ou 30 toifes de diftance de la lunette. On interpofe enfuite devant l'objectif, le prisme dont on veut mesurer la réfraction. On cesse dès lors, de voir cet objet dans la lunette ; mais on en voit un autre qui en est éloigné, à raison du pouvoir réfringent du prisme. On mesure avec précision sur la base, l'éloignement des deux objets entr'eux, & aussi leur distance de la lunette, ce qui donne les trois côtés du triangle ; & conséquemment la trigonométrie fait connaître avec précision la distance des deux objets entr'eux, ou ce qui est le même, l'angle de réfraction.

On conviendra aussi peut-être que la position des prismes devant l'un des objectifs, exige un appareil embarrassant ; rien cependant n'exige moins d'appareil qu'une platine qu'on fait glisser à coulisse, avec une précision médiocre ; car il est facile de prouver qu'il faudroit un mouvement considérable de vacillation, pour produire une erreur sensible. Quant à la construction des prismes achromatiques, je n'y trouve aucune espece de difficulté : j'en ai construit plusieurs qui ne donnaient aucune couleur sensible, & ne défiguraient point les objets. L'expérience m'a aussi convaincu que les prismes achromatiques composés de trois verres, étaient préférables à ceux composés de deux verres. Au reste, comme j'applique mes prismes achromatiques fur des objectifs fimples, quand ces prifmes ne corrigeraient pas les couleurs parfaitement , ils feront toujours moins fujets à donner des iris que les obje&tifs ordinaires qui , à caufe de la peti-teffe de leur ouverture , n'en produifent cependant pas de fenfibles.

Avant de terminer mes recherches fur l'héliometre, je crois devoir remarquer que, lorfqu'on le deftine à mefurer des diftances, il ne ferait pas néceffaire que les deux obje&tifs fuffent égaux. Je ferais même porté à croire qu'il ferait avantageux qu'ils ne le fuffent pas ; fur-tout, fi on veut mefurer des arcs de 5 à 6 degrés.

Soit un des objectifs qui ait , par exemple, quatre pieds de diftance focale ; cet obje-&tif fe meut par le moyen d'une vis, & fon mouvement a un arc de 30'. A trois pieds de l'obje&tif eft un arc de cercle d'un pied de rayon qui embraffe 5 à 6°, divifé de 30' en 30'. Le fecond obje&tif eft placé fur cet arc. Si on regarde la lune par l'obje&tif de long foyer , & l'étoile par l'obje&tif de court foyer , l'étoile paraîtra quatre fois plus lumineufe que fi on l'examinait par l'obje&tif de court foyer. Ainfi l'éclat de la lune deviendra moins capable d'en effacer l'impref-fion , & l'inftrument deviendra moins em-
barraffant;

barraſſant ; de plus, l'objectif peut être fait d'un verre légerement coloré, & par-là la parallaxe optique deviendra moindre, & l'étoile plus viſible ¶.

On pourra peut-être rendre l'héliometre propre à meſurer de plus grandes diſtances d'étoiles à la lune, (je ne dis pas avec la même préciſion) en mettant au foyer un verre légerement dépoli, percé d'un trou pour laiſſer paſſer la lumiere directe de l'étoile ; enſorte qu'en regardant directement l'étoile, il ſe fera une peinture de la lune ſur le verre dépoli, qu'on appercevra én même tems. Il eſt évident que la lune perdra de ſon éclat, mais elle ſera encore aſſez lumineuſe pour être examinée avec la loupe qui ſervira d'oculaire à l'objectif, au travers duquel on voit l'étoile ; par ce moyen on previendra l'effet de la parallaxe optique, & on meſurera des angles auſſi grands qu'on le deſire.

Qu'on me permette d'obſerver que l'héliometre, ſous cette derniere forme, differe peu du Quartier anglais : la ſeule différence que

¶ Cet inſtrument eſt deſtiné, ainſi que les précédens, à prendre des diſtances d'étoiles à la lune, ſur mer. Si on trouve que ſa longueur eſt embarraſſante dans les dimenſions que nous venons de donner, on peut lui donner la longueur convenable, en diminuant proportionnellement les dimenſions précédentes.

E

j'y apperçois, c'est que par l'un on obferve par derriere, & par l'autre on obferve par devant. On pourrait donc appliquer l'héliometre, ainfi métamorphofé, à prendre la hauteur du foleil par devant.

J'aurais bien défiré faire exécuter ces inftrumens, pour m'affurer de leurs effets; mais jufqu'à préfent, je n'ai pas été à même de le faire, vu que les effais en ce genre font toujours difpendieux. Je crois cependant qu'ils pourraient contribuer à la perfection de la navigation, principalement en rendant la détermination de la longitude fur mer, par les diftances d'étoiles à la lune, beaucoup plus exacte qu'avec l'octant.

MÉMOIRE*

Sur la détermination des longitudes en mer, par les observations astronomiques.

JE me propose de rendre compte dans ce Mémoire, des observations que j'ai faites sur mer, tant d'éclipses de Satellites de Jupiter, que de distances d'étoiles à la lune, ainsi que d'une théorie nouvelle & générale de tous les instrumens qui peuvent servir utilement, à la mer, à la mesure des angles.

Je divise ce Mémoire en trois parties: dans la premiere, je m'occuperai des observations d'éclipses de Satellites de Jupiter; dans la seconde, des distances d'étoiles à la lune; & dans la troisieme, des instrumens qui peuvent servir utilement à la mer, à la mesure des angles.

* J'ai présenté ce Mémoire à M.ᵣ le Duc de Praslin, qui en a envoyé l'examen à l'Académie, au mois de Septembre 1767.

E ij

On avait inutilement tenté jufqu'à préfent d'obferver fur mer les éclipfes de Satellites de Jupiter. La longueur des lunettes, les ofcillations perpetuelles du Vaiffeau, qui alterent la diflinction de l'objet, & la difficulté de retrouver l'aftre, étaient trois obftacles qui rendaient impraticables ces fortes d'obfervations. Les lunettes achromatiques ont fait difparaître la premiere difficulté ; fi on joint à cette invention, la méthode que j'ai indiquée pour retrouver l'aftre avec promptitude, malgré toute efpece de moumement, il ne reftera plus que le trouble occafionné dans la vifion par l'agitation continuelle du Navire : encore eft-il facile de diminuer confidérablement cet inconvénient en fe fervant de lunettes achromatiques qui rendent l'effet de lunettes ordinaires de 20 à 25 pieds.

Avant d'entrer fur ce fujet dans une plus ample difcuffion, il convient que je rende compte du réfultat de mes obfervations.

Le Vaiffeau l'*Union*, de 64 canons, commandé par M.ᵣ le Comte de Breugnon, Ambaffadeur de France à la Cour de Maroc, fur lequel j'étais embarqué par Ordre du Roi, appareilla de la Rade de Breft le 7 Avril 1767. Je fus fi incommodé du mal de mer, que je ne pus pas tenter d'obferver une émersion du premier Satellite de Jupiter, qui, selon les tables, eut lieu le 8 Avril à 1 h. 0′ 28″ du matin.

Le 10, à 5 h. 30′ du matin, le Pilote crut relever le Cap Finisterre à l'Est-quart-sud-est un degré Est, & le Cap Toriane au Nord-est-quart-d'Est 5° 30′ Est ; ce qui donne pour la latitude de ce relevement 42° 58′ & pour longitude 12° 3′. Latitude observée le 10 à midi 41° 54′, longitude estimée 12° 10′.

Depuis le relevement du Cap Finisterre jusqu'à midi, la route a valu le Sud-sud-ouest 5° Sud, 15 lieues ⁴⁄₇.

Le 10 au soir, je pris trois hauteurs absolues du soleil, afin d'avoir l'heure à une grosse montre à secondes, dont j'étais muni ; la hauteur du bord inférieur du soleil, observée de la galerie du Vaisseau avec l'octant, fut trouvée de 27° au dessus du niveau de la mer. Par conséquent, ayant égard à la réfraction, qui est de 1′ 51″, à la hauteur de de l'œil, qui est près de 5′, & au demi-diametre du soleil, qui est de 15′ 57″, on a la distance du centre du soleil au zénith, de 62° 50′ 54″.

La déclinaison du soleil pour Paris était à midi de 7° 57′ 52″, sa variation en 24 heures + 22′ ; ce qui donne la déclinaison de 8° 3′.

E iij

La hauteur du pole était de 41° 37′. En réfolvant le triangle fphérique obliqu'angle, dont les trois côtés font, le complément de la latitude, le complément de la déclinaifon & la diftance du foleil au zénith, on trouve l'angle horaire de 60° 36′, qui répond à 4 h. 2′ 24″ : la montre marquait 4 h. 3′ 53″.

Hauteur du foleil 26° 40′. $\left\{\begin{array}{l} \text{4 h. 5′ 34″, à la montre.} \\ \text{4 h. 4′ 8″, par le calcul.} \end{array}\right\}$

Hauteur du bord inférieur du foleil, 26° 20′ .. $\left\{\begin{array}{l} \text{4 h. 7′ 36″, à la montre.} \\ \text{4 h. 6′ 00″, par le calcul.} \end{array}\right\}$

La montre avançait donc de 1′ 3″ à peu près fur le tems vrai.

Le 11, j'ai obfervé une émerfion du 2.ᵉ Satellite de Jupiter à 2 h. 14′ 7″ à la montre. Comme du 10 au 11 l'air de vent a valu, le Sud 1° 30′ Eft, 29 lieues, il eft clair que le Vaiffeau n'a dû changer en longitude que très-peu.

Le 11 au matin, j'ai pris les trois hauteurs fuivantes :

26° .... $\left\{\begin{array}{l} \text{7 h. 51′ 18″, à la montre.} \\ \text{7 h. 50′ 16″, par le calcul.} \end{array}\right\}$

26° 40′ .... $\left\{\begin{array}{l} \text{7 h. 55′ 1″, à la montre.} \\ \text{7 h. 53′ 52″, par le calcul.} \end{array}\right\}$

27° .... $\left\{\begin{array}{l} \text{7 h. 56′ 54″, à la montre.} \\ \text{7 h. 55′ 44″, par le calcul.} \end{array}\right\}$

La montre n'avançait donc plus le 11 à 8 heures du matin, que d'une minute huit secondes sur le tems vrai ; d'où je conclus que j'ai observé l'immersion du 2.ᵉ Satellite à 2h. 12′ 45″ de tems vrai ; & je suis assuré que je n'ai pas dans l'heure une erreur de plus de 25″. Les tables donnant pour l'heure de l'émersion à Paris 2 h. 57′ 21″, la différence des heures se trouve être de 44′ 31″ de tems, qui réduites en degrés, donnent 11° 7′ 45″.

Nous n'avons presque pas fait de chemin en longitude depuis l'observation jusqu'à l'onze à midi. On a vu pour lors la terre distinctement, dont un cap a été relevé à l'Est-sud-est ; sa distance apparente pouvait être de 10 à 12 lieues : ce qui, comparé avec la latitude que j'ai observée le même jour, de 40° 26′, ne peut donner d'autre relevement que celui du cap Montego. Ce relevement porté sur la carte, donne 11° 32′ de longitude ; par conséquent, la longitude relevée, est plus Ouest de 24′ 15″ de degré, que la longitude observée.

Le 16, nous mouillames dans la rade de Cadix, & nous en appareillames le 23. Le 27, nous mouillames devant Saphi qui est une des Villes principales du Royaume de Maroc. La rade de Saphi est foraine, &

la mer qui y vient directement de la nouvelle Angleterre, sans être rompue par aucune Isle, est presque toujours agitée par
une lame sourde qui fait souvent tanguer &
rouler le Vaisseau plus qu'en pleine mer,
où il est maintenu par ses voiles. D'ailleurs
cette rade (si toutefois, on peut donner ce
nom à une côte où les Vaisseaux ne reçoi-
vent de la terre presque aucun abri, &
où ils sont absolument exposés à plus de 16
airs de vent) étant dangereuse, on a coutume de ne pas affourcher, pour être plutôt
prêt à appareiller. J'ai déterminé avec un
octant, par plusieurs observations, la latitude de Saphi de 32° 20′. Cette latitude est
très-défectueuse, & cette erreur est préjudi-
ciable au commerce qui se fait à Saphi;
car les bâtimens qui ne prennent pas assez-
tôt connaissance de terre, atterrent souvent
sur Mogador, croyant aller à Saphi. Les
vents regnant sur ces côtes presque toujours dans la partie du Nord-est, & Mogador
étant plus Sud que Saphi, les Bâtimens qui
ont fait cette erreur, sont cinq à six jours à
regagner Saphi.

Le 30 Avril, j'ai pris quatre hauteurs du
bord inférieur du soleil.

Première hauteur, 23° . { 4 h. 50′ 17″ , à la montre. }
                          { 4 h. 46′ 56″ , par le calcul. }

Seconde, 22° 40′ ... { 4 h. 52′ 9″, à la montre. / 4 h. 48′ 32″, par le calcul. }

Troisieme, 22° 20′ ... { 4 h. 53′ 35″, à la montre. / 4 h. 50′ 8″, par le calcul. }

Quatrieme, 22° .... { 4 h. 54′ 1″, à la montre. / 4 h. 51′ 43″, par le calcul. }

Le premier Mai, j'ai obſervé une émerſion du premier Satellite dans la rade de Saphi, à 0 h. 39′ 2″, à ma montre qui avançait. J'ai donc vu cette émerſion à 0 h. 35′ 30″.

Le 9, j'ai pris trois hauteurs du bord inférieur du ſoleil.

1.ere hauteur, 24°38′ ... { 4 h. 42′ 30″, à la montre. / 4 h. 45′ 4″, par le calcul. }

Seconde, 23° 40′ ... { 4 h. 46′ 51″, à la montre. / 4 h. 49′ 36″, par le calcul. }

Troiſieme, 23° 20′ ... { 4 h. 48′ 34″, à la montre. / 4 h. 51′ 14″, par le calcul. }

J'ai obſervé à bord du Vaiſſeau une émerſion du premier Satellite, à 8 h. 57′, à ma montre, ou à 8 h. 59′ 40″ de tems vrai.

Le 16, j'ai pris à Saphi avec un octant ſur une terraſſe élevée de 60 pieds au deſſus du niveau de la mer, les hauteurs ſuivantes du bord inférieur du ſoleil.

Premiere Hauteur, 25°.. { 4 h. 43′ 20″, à la montre. / 4 h. 47′ 28″, par le calcul. }

Seconde , 24°.. ..... { 4 h. 48′ 10″, à la montre. / 4 h. 52′ 16″, par le calcul. }

Troisieme , 23°...... { 4 h. 52′ 51″, à la montre. / 4 h. 56′ 56″, par le calcul. }

Quatrieme , 22°..... { 4 h. 57′ 27″, à la montre. / 5 h. 1′ 44″, par le calcul. }

Cinquieme , 21°...... { 5 h. 2′ 30″, à la montre. / 5 h. 6′ 58″, par le calcul. }

Sixieme, 8°........ { 6 h. 6′ 13″, à la montre. / 6 h. 10′ 24″, par le calcul. }

Septieme , 7°........ { 6 h. 11′ 5″, à la montre. / 6 h. 15′ 20″, par le calcul. }

J'ai observé une émersion du premier Satellite à 10 h. 50′ 38″, à la montre, ou, ce qui revient au même, à 10 h. 54′ 50″ de tems vrai ; le tems était brumeux, & je ne réponds de l'instant de l'émersion, qu'à une minute & demie près.

Le premier Juin, je pris sur la terrasse dont nous avons parlé, trois hauteurs du bord inférieur du soleil.

Premiere Hauteur, 37°.. { 3 h. 55′ 5″, à la montre. / 3 h. 56′ 16″, par le calcul. }

Seconde , 36°....... { 3 h. 59′ 58″, à la montre. / 4 h. 1′ 4″, par le calcul. }

Troisieme. 35°. . . . . $\left\{\begin{array}{l} \text{4 h.   4' 35'', à la montre.} \\ \text{4 h.   5' 44'', par le calcul.} \end{array}\right\}$

J'ai obfervé le premier Juin, une émerfion du premier Satellite, à 9 h. 9' 42'', à la montre ; par conféquent, à 9 h. 10' 52'' de tems vrai.

Après avoir détaillé les obfervations d'éclipfes de Satellites de Jupiter, que j'ai faites, foit à terre, foit à la mer, il convient que je dife un mot des difficultés qu'on rencontre à la mer, à faire ces fortes d'obfervations, & de l'inftrument dont il me femble qu'on doit faire ufage de préférence. Si on n'avait à obvier dans un Vaiffeau, qu'au mouvement de tangage & de roulis, on pourrait peut-être, (par le moyen d'une fufpenfion femblable à celle d'une bouffole marine, ou quelqu'autre invention analogue) parvenir à détruire, ou du moins à diminuer confidérablement l'effet de ces mouvemens ; mais il en eft un autre auquel il me femble difficile de remédier. Le Vaiffeau ne fuit pas deux minutes exactement le même air de vent ; cela eft fouvent fi fenfible qu'on s'en apperçoit dans le fillage du Vaiffeau. Ainfi quand on aurait une lunette achromatique fufpendue de maniere à ne point éprouver l'effet du roulis & du tangage, comme il faudrait que cette lu-

nette amplifiât 60 à 80 fois les diametres
des objets , & conféquemment n'eût pas
plus de trente à quarante minutes de champ,
un faux coup de barre de la part des Timo-
niers, fuffirait pour la déranger de fa direction, & on fait combien il faut de peine
& de tems pour retrouver un aftre avec une
lunette qui a peu de champ.

Si les mouvemens du Vaiffeau font con-
tinuels , ils ont du moins l'avantage de
n'être pas fort vifs , & la diftinction de
l'objet n'en eft pas fort altérée. J'ai cru même remarquer qu'on remediait affez bien à
cet inconvénient, en fe fervant d'une lunette
qui fit plus d'effet que celles dont on a coutume de fe fervir à terre pour ces mêmes
obfervations. Il me femble donc qu'il ne
refte d'autre obftacle confidérable , que la
difficulté de retrouver l'aftre avec promptitude , malgré l'agitation du Vaiffeau : &
c'eft à quoi j'ofe me flatter d'avoir obvié
de maniere qu'il eft prouvé que, dans les
plus violens roulis, l'Obfervateur ne faurait
être 4″ à retrouver l'aftre. Ce moyen con-
fifte, comme nous l'avons deja dit , à adapter fur le côté de la lunette d'obfervation,
un verre lenticulaire, & à fon foyer un verre
régulierement dépoli. Nous ne nous arrêterons
pas davantage fur cette invention , parce

qu'on trouvera dans notre second Mémoire tous les détails nécessaires pour en saisir les avantages.

Passons maintenant aux observations de distances d'étoiles à la lune ; j'espere qu'on voudra bien me pardonner de ne pas entrer ici dans les mêmes détails que j'ai faits pour les éclipses de Satellites de Jupiter : au reste, si on les desire, je suis à même de les donner.

Je dois prévenir que toutes les déterminations de longitude que j'ai faites par ce moyen, sont fondées sur des calculs rigoureux.

Le premier Juillet, j'ai observé une distance d'étoile à la lune.

$$1.^{er}\text{ Juillet.}\begin{cases}\begin{cases}9\text{ h. }12'\;50'',\text{ méridien du lieu,}\\9\text{ h. }53',\text{ méridien de Paris,}\end{cases}\Big\}\text{ tems vrai.}\\(\;9\text{ h. }56'\;20'',\text{ méridien de Paris })\text{ tems moyen.}\end{cases}$$

Distance apparente de l'Épi de la Vierge, au bord éclairé de la lune, 37° 52'.

$$\text{Haut. app.}\begin{cases}\text{de l'épi de la Vierge, }30°\;40'.\;.\;.\;.\;.\;.\\\text{du bord inférieur de la lune, }12°\;25'.\;.\;.\end{cases}\Big\}$$

$$\text{Long. de la lune.}\begin{cases}\text{selon les tables de M}^{r}.\text{Mayer, }5^{s}\;13°\;23'.\\\text{selon mon observation, }5^{s}\;13°\;26'.\;.\;.\end{cases}\Big\}$$

Différence de longitudes 3', qui réduite en heures, donne près de 6', à cause que le mouvement

horaire vrai eſt de 29′ 34″. Il faut ajoûter ces 6′
à 40′ 10″ que nous avons ſuppoſé ; on a 46′ ou
11° 30′ de longitude.

Longitude eſtimée 9° 58′.

Différence entre la longitude obſervée & la longitude
eſtimée, 1° 32′.

Le 7 Juillet, j'ai obſervé deux diſtances
d'étoiles à la lune, par la latitude eſtimée
35° 4′, & par la longitude eſtimée 11° 51′.

Différence ſuppoſée des Méridiens, 47′ 44″.

Le 7 Juillet.
$\begin{cases} 8 \text{ h. } 54′ 10″, \text{ méridien du lieu,} \\ 9 \text{ h. } 41′ 34″, \text{ méridien de Paris,} \end{cases}$ tems vrai.

(9 h. 45′ 23″, méridien de Paris) tems moyen.

Diſt. app.
$\begin{cases} \text{de l'épi de la Vierge à la lune . . 36° 10′ . .} \\ \text{d'Antarès à la lune . . . . 9° 50′ . .} \end{cases}$

Haut. app.
$\begin{cases} \text{de l'épi de la Vierge à la lune . . 28° 20′ . .} \\ \text{d'Antarès . . . . 29° 20′ . .} \\ \text{du bord inférieur de la lune . . 29° 30′ . .} \end{cases}$

Long. de la lune.
$\begin{cases} \text{ſelon les tables de M}^{\text{r}}. \text{ Mayer } 7^{\text{ſ}} 26° 49′ 51″. \\ \text{ſelon l'obſervation de l'épi . . } 7^{\text{ſ}} 26° 50′ 35″. \\ \text{ſelon celle d'Antarès . . . . . } 7^{\text{ſ}} 26° 51′ 53″. \end{cases}$

Diff. de long.
$\begin{cases} \text{pour l'épi de la Vierge . . . . } + 44″. \\ \text{pour Antarès . . . . } + 2′ 2″. \end{cases}$

Mouvement horaire de la lune, 32′ 43″.

Diff. de long. réduite en tems
$\begin{cases} \text{pour l'épi } + 1′ 20″. \\ \text{pour Antarès } + 4′ 26″. \end{cases}$

J'ai obſervé le 20 Juillet à 8 heures du

matin, plufieurs diftances du foleil à la lune ;
la longitude déduite de cette obfervation,
était plus Oueft de 19 lieues, que celle de
l'eftime, & s'eft trouvée à trois lieues près
de celle que nous a donné l'atterrage fur
Oueffant le 21. Une fi grande précifion ne
doit être attribuée dans cette circonftance,
qu'au hazard ; car cette méthode ne donne
la longitude qu'à deux ou trois degrés près.

Qu'on me permette ici quelques réflexions
fur les obfervations de diftances d'étoiles à
la lune. Il m'a femblé qu'on ne devait gueres fe fervir d'autres étoiles que de celles
de la premiere grandeur. Il eft affez rare
que la lune foit plus près que 15° de ces
étoiles ; toute diftance d'étoile à la lune,
moindre que 10 degrès, ne peut être em-
ployée avec fuccès : auffi les Anglais l'ont abfolument exclue de leur Almanach nautique.
Il faut que l'étoile ait à peu près la même latitude que la lune, fur-tout lorfque fa diftance à la lune n'eft pas confidérable. Il eft
difficile de mettre l'octant dans un plan qui
paffe par la lune & par l'étoile, fur-tout fi
l'octant eft muni d'une petite lunette.

Au refte, je dois ici prévenir que d'ha-
biles Marins m'ont affuré qu'il n'eft pas fi
commun de trouver, dans l'eftime, des erreurs de 80 lieues ; on ne doit donc pas fe

flatter de les engager à entreprendre de longs & pénibles calculs pour la détermination des longitudes en mer par les distances d'étoiles à la lune, lorsqu'on ne leur promettra par cette méthode la longitude qu'à trois degrés près.

Ce serait donc rendre un service important à la navigation, que de substituer à l'octant, qui ne mesure pas avec assez d'exactitude les angles, un instrument plus précis. L'héliometre de Mr Bouguer m'avait paru remplir assez bien cet objet en le rendant toutefois susceptible de mesurer des arcs plus considérables : mes recherches sur ce sujet sont exposées avec un détail suffisant dans mes 1.er & 3.e Mémoires.

L'importance de cet objet, pour la perfection de la navigation, m'engage à reprendre ici de nouveau cette même matiere; & afin de le faire avec plus de succès, je vais essayer d'embrasser sous un point de vue général tous les instrumens qui peuvent servir en mer à la mesure des angles.

L'instrument qui sert à terre à mesurer les angles, est, comme on sait, composé de deux lunettes ou pinnules dont une est mobile autour du point fixe.

Soit *ABD* (*Fig. 7.*) un limbe qui embrasse un arc un peu plus grand que 180° dont *C* est le centre; soit *AC* une lunette

fixe

fixe & *EC* une lunette mobile autour du point *C*. Lorsqu'on veut mesurer l'angle *FCG*, on met d'abord la lunette *AC* dans la direction *AG*, & on dirige l'autre lunette *EC* vers *F*; l'arc *AE* donne l'angle *FCG*. Mais à la mer il n'est pas possible de viser séparément à deux objets, du moins un seul Observateur; on doit donc chercher au contraire à faire co-incider deux objets qui font entr'eux un angle quelconque, afin que l'Observateur puisse d'un seul coup d'œil juger de l'arc avec précision.

En renversant l'instrument qui sert à terre à la mesure des angles, (c'est-à-dire, en mettant dans cet instrument deux objectifs à la place des deux oculaires, & réciproquement deux oculaires à la place des objectifs, observant cependant que les foyers des objectifs tombent au centre du limbe) on obtient celui auquel on doit rapporter tous ceux qui servent à la mer au même usage. Nous nommerons, pour éviter une périphrase incommode, cet istrument *astrometre*.

C'est sur cette idée qu'est fondée la théorie que nous allons développer; elle est, ce me semble, aussi générale & aussi simple qu'elle se puisse.

Soit *ABDC* (*Fig. 8.*) un astrometre dont

F

C eſt le centre ; *ACL* eſt la lunette fixe , le foyer de ſon objectif *A* eſt en *C* & ſon oculaire en *L* ; *ECH* eſt la lunette mobile autour du centre *C* , le foyer de ſon objectif eſt en *C* & ſon oculaire en *H*. Il eſt inutile de remarquer que les deux lunettes peuvent être d'inégales longueurs , pourvu que les foyers des objectifs co-incident en *C*.

Si on veut prendre la meſure d'un angle quelconque *FCG* , on dirige la lunette fixe *AL* vers *F* & enſuite la mobile *EH* vers *G* : l'angle *FCG* eſt indiqué par l'arc *AE*. Cet inſtrument ſous cette forme ne paraît pas encore pouvoir ſervir à la mer , parce qu'on eſt obligé de pointer ſéparément à chaque objet.

Cependant il eſt aſſez facile de l'en rendre ſuſceptible ; car chaque objectif formant à leur foyer commun *C* une peinture des objets *F* & *G* , qui font entr'eux l'angle *FCG*, il s'enſuit que les deux objets n'en font plus qu'un au point *C*. Il ſuffit pour cela de ſe ſervir des deux yeux , c'eſt-à-dire, de regarder le point *C* , de l'œil droit avec l'oculaire *H*, & de l'œil gauche avec l'oculaire *L* ; & parce que la diſtance de l'oculaire à l'œil eſt, juſqu'à de certaines limites, arbitraire, vu que les rayons ſortent paralleles de l'oculaire, on peut approcher ou éloigner les deux yeux de l'oculaire selon que l'exige l'angle. Ainsi si les objectifs ont chacun trois pieds de foyer, la distance focale des oculaires étant, selon les tables, d'un pouce, & l'intervalle entre les deux yeux d'environ deux pouces, on voit aisément que l'angle compris par les deux yeux, lorsqu'ils touchent les oculaires, est de 180°, ou $HCL = 180°$. Si au contraire ils en sont éloignés d'un pouce, l'angle HCL ne sera plus que de 60°. Enfin, si les yeux sont éloignés des oculaires de 11 pouces, l'angle HCL ne sera que de 10° environ, & ainsi de suite.

Ce moyen de rendre l'astromètre propre à mesurer à la mer des angles considérables, n'est point exempt d'inconvénient; on ne doit pas non plus négliger de mettre des fils en croix au point C, parce qu'on doit craindre, en se servant ainsi des deux yeux, de voir les objets doubles.

Au lieu d'examiner le point C avec les deux oculaires H & L, on peut le regarder avec un seul oculaire & conséquemment avec un seul œil. On peut, sans lui faire changer de place, parvenir à mesurer un angle; mais il ne faut pas se flatter de pouvoir, comme auparavant, mesurer avec cet instrument, sous cette nouvelle forme, des angles de 180°; il est même réduit par-là à mesurer des angles toujours moindres que 10° : nous le nommerons *Héliometre* avec Mr Bouguer qui en est l'inventeur. L'héliometre a d'autant plus de précision, qu'on lui fait mesurer des arcs plus petits : aussi les Astronomes qui s'en sont servi ne lui ont donné qu'un ou deux degrés d'amplitude. Mr de la Lande m'a montré, à son observatoire du Luxembourg, un héliometre qui avait appartenu à M.^r l'Abbé de la Caille, qui mesurait quatre degrés. Quand on se borne à lui faire mesurer des arcs très-petits, on peut écarter sans inconvénient les objectifs en ligne droite, & cela se fait ordinairement par le secours d'une vis. On voit par-là que l'héliometre n'a sur l'astrometre, à peu près, que les mêmes avantages qu'ont les longs secteurs sur les quarts de cercle.

Les détails dans lesquels je suis entré dans mon troisieme Mémoire au sujet de l'héliometre, me dispensent de m'y arrêter ici davantage & j'y renvoie ceux qui voudraient connaître plus particulierement cet instrument.

On peut encore dans l'héliometre supprimer l'oculaire, en mettant au foyer des objectifs un verre depoli *, & alors il peut servir à mesurer des angles quelconques; mais

---

* J'ai exposé dans mon second Mémoire la propriété qu'a le verre dépoli de disperser la lumiere.

en même tems cette construction lui fait perdre de sa précision ; il devient par-là une espece de Quartier anglais propre à observer pardevant. Si on se servait de cet instrument pour prendre hauteur sur mer, la peinture de l'horison sur le verre dépoli ne serait pas assez vive pour être apperçue ; mais on peut éviter cet inconvénient en pratiquant, dans le verre dépoli MN (*Fig. 9*), une fente horizontale op pour voir directement l'horison H par l'oculaire Q, en même tems que le soleil S qui se peint en C sur le verre dépoli.

On peut aussi substituer au verre dépoli un écran pour recevoir la peinture formée par les verres A & B : l'œil ne doit plus dès-lors être en Q, mais en R. Comme la peinture de l'horison sur cet écran serait trop faible, il faut y pratiquer une fente horizontale pour regarder directement l'horison : cet instrument sous cette forme n'est autre chose que le Quartier anglais.

Enfin, si à la place de l'écran ou du verre dépoli on met un miroir, on aura l'instrument de M.ʳ de Fouchi.

Ces rapports se saisissent avec trop de facilité, pour que je croie devoir entrer dans un plus grand détail. Quand on ne veut pas écarter les objectifs pour faire cependant co-incider la peinture de deux objets qui font entr'eux un angle quelconque, il faut se servir de prismes ou de miroirs. Quant aux prismes, j'en ai traité avec assez d'étendue dans mon troisieme Mémoire, & j'ai fait voir le moyen de s'en servir avec avantage.

En employant des miroirs, voici, ce me semble, la disposition la plus naturelle qui se présente.

Soit *L* la lune (*Fig. 10*); *E* une étoile dont la distance respective est mesurée par l'arc *LE*. On regarde l'étoile *E* par l'oculaire *N* & l'objectif *B*, & la lune *L* sera vue par l'oculaire *N* & par l'objectif *A*. On sent qu'elle ne peut l'être qu'après avoir été réfléchie, selon une direction convenable, par le miroir *D* qui pour cela est mobile autour du point *D*.

Au lieu de deux objectifs, on peut produire le même effet, en se servant d'un seul objectif qu'on peut considérer comme partagé en deux parties égales *A* & *B*. Sur une des moitiés *A* de cet objectif on fera répondre le miroir *D*, & par l'autre *B* on verra directement l'étoile *E*.

Cet instrument sous cette forme n'est pas susceptible de la vérification dont les Marins ont coutume de faire usage pour s'assurer de l'invariabilité dans la position des miroirs; car on ne peut pas faire co-incider le même objet par réflexion & directement.

On peut éviter cet inconvénient principalement de deux manieres que nous allons détailler.

Le premier moyen consiste à mettre un miroir fixe vis-à-vis la moitié *B* de l'objectif *AB* ; ce miroir fixe doit faire un angle d'environ 22° avec le plan de cet objectif. On sent que par-là on vérifie facilement l'instrument, puisqu'il est toujours aisé de faire co-incider le même objet par la réflexion du miroir mobile & par celle du miroir fixe.

Cet instrument sous cette forme ne differe en aucune maniere de l'octant de M.ʳ Caleb Smith, dont les avantages & les inconvéniens sont trop connus pour que je croie devoir m'en occuper. Je joins ici la figure de l'octant de M.ʳ Caleb Smith (*Fig.* 11 & 12), afin qu'on en saisisse mieux le rapport. J'observerai seulement qu'il me paraît difficile de juger bien du contact du soleil avec l'horison, parce qu'on voit le soleil dans un des miroirs & l'horison dans l'autre ; il faut en excepter cependant le cas où l'instrument serait muni d'une lunette, ce qui le rend à la mer d'un usage un peu plus difficile.

D'ailleurs, en regardant l'horison par réflexion, ne doit-on pas craindre d'en trop affaiblir l'image ? Ne pourrait-on pas dans l'octant de M.ʳ Caleb Smith, supprimer le miroir fixe, après toutefois qu'il aura servi à la vérification de l'instrument? Il me semble même qu'on parviendrait assez aisément à le disposer de maniere qu'on pût le mettre & l'ôter sans craindre de variation sensible dans sa position; j'aimerais cependant mieux me servir d'un prisme achromatique que d'un miroir fixe, parce qu'il y a beaucoup moins de précaution à prendre pour le placer devant l'objectif. D'ailleurs, il produit le même effet que le miroir fixe, & rendrait conséquemment l'octant de M.ʳ. Caleb Smith susceptible d'être vérifié.

Le second moyen obvie assez bien à ces inconvéniens. Car on supprime d'abord le miroir fixe, afin qu'on puisse voir directement l'horison; on conserve le miroir mobile qu'il faut rendre fixe : il faut mettre vis-à-vis de ce miroir fixe un autre miroir mobile, afin qu'on voie le soleil par une double réflexion.

Soit H (*Fig.* 13) l'horison qu'on voit directement par la partie B de l'objectif AB. Si le miroir fixe M est incliné à l'objectif, & si on rend le miroir mobile N parallele à N, l'horison H vu par cette double réflexion à travers de la partie A de l'objectif, co-incidera avec celui qui sera vu directement.

On doit reconnaître aisément à cette conſtruction l'octant de Mr Hadlei. Quand on ne ſe ſert pas de lunette, le miroir fixe *M* doit être de glace, dont une moitié eſt étamée, parce que ſans cela on ne jugerait pas parfaitement du contact du ſoleil & de l'horiſon, puiſqu'on verrait le ſoleil dans le miroir & l'horiſon directement; au lieu qu'en ſe ſervant d'une glace, dont la moitié eſt étamée, l'œil voit directement l'horiſon à travers la partie de la glace qui n'eſt pas étamée, en même tems qu'il apperçoit le ſoleil qui eſt réfléchi par cette même partie non étamée de la glace. La partie étamée ne ſert donc que dans le cas où le ſoleil a perdu de ſon éclat par un nuage ou par quelqu'autre cauſe.

On avait trouvé dans les commencemens de la difficulté à adapter une lunette à l'octant de Mr Hadlei, en employant des miroirs de glace, parce que ces miroirs produiſent deux réflexions, & que ſans un paralléliſme preſque parfait entre les deux ſurfaces, on voit deux images qui anticipent l'une ſur l'autre. Pour éviter cet inconvénient, ſans ſe ſervir de miroirs de métal, qui ſe terniſſent facilement à la mer par l'âcreté de l'acide marin, Mr de Fouchi imagina de ſubſtituer aux miroirs plans de glace des miroirs ſphériques de glace : par-là, il évita

l'embarras des réflexions caufées par les deux
furfaces de chaque miroir ; car la vifion
n'était diftincte que dans la réflexion qui fe
faifait par l'étain, enforte qu'on ne pouvait
s'y méprendre. On n'a point à craindre de
défigurer les objets en inclinant des miroirs
plans ; mais il n'en eft pas de même des
miroirs fphériques ; les objets s'y voyent
rétrecis à raifon de leur obliquité : M^r. de
Fouchi a levé cet obftacle, qui paraiffait
difficile à furmonter, par une idée très-in-
génieufe. Si l'objet fe trouve dilaté dans le
fens de fa largeur, il donne un moyen très-
fimple de le dilater de la même quantité
dans le fens de fa longueur ; ce qui rétablit
l'objet dans fa forme naturelle. Il me femble
que ce que je viens de dire fur les inftrumens qui peuvent fervir utilement à la mer
à la mefure des angles, fuffit pour prouver
que ma théorie les comprend tous fans ex-
ception, & que même en fuivant cette voie,
on aurait pu les imaginer par des confidé-
rations qui fe préfentent naturellement, lorfqu'on approfondit leur conftruction ; car on
y voit naître les inftrumens les uns des autres,
en cherchant à éviter les inconvéniens qui
fe rencontrent dans chaque conftruction par-
ticuliere. Je crois même pouvoir avancer
qu'il eft difficile de trouver un inftrument

propre aux ufages de la Navigation, qui ne puiffe fe déduire avec beaucoup de facilité de la théorie que je viens d'expofer ; & fi je n'ai pas entré dans un plus grand détail, c'eft que je l'ai cru inutile, l'objet principal que je me propofais n'étant pas de faire d'amples defcriptions de chaque inftrument qu'on peut imaginer, ni des légeres variations dont leurs formes font fufceptibles, mais bien de les comprendre tous fous un point de vue général & fimple.

Je fens que jaurais pu prendre encore une autre voie qui aurait paru un peu plus fimple, & qui m'aurait conduit au même but ; mais celle-ci m'a femblé plus naturelle.

Voici une autre raifon qui m'a déterminé à éviter des defcriptions détaillées de chaque inftrument en particulier. Les inftrumens doivent avoir une conftruction relative aux ufages auxquels on les deftine ; ainfi l'octant de M.ʳ Hadlei, qui fert merveilleufement à la mer à prendre la hauteur du foleil au deffus de l'horifon, ne peut pas être employé avec le même avantage à la mefure des diftances d'étoiles à la lune.

L'héliometre de M.ʳ Bouguer ne peut pas au contraire fervir à prendre la hauteur du foleil au deffus de l'horifon, mais il mefure avec une extrême précifion les petites diſtances d'étoiles à la lune. Eſſayons de fixer par notre théorie l'inſtrument le plus propre aux obſervations de diſtances d'étoiles à la lune, pour la détermination des longitudes ſur mer.

Il faut d'abord faire attention à toutes les conditions qui peuvent contribuer à rendre une obſervation de ce genre auſſi bonne qu'il ſe puiſſe.

Je remarque 1.º qu'on détermine la longitude par le moyen de la lune, avec d'autant plus de préciſion, que ſon mouvement eſt plus rapide, & qu'ainſi on ne ſaurait meſurer avec trop d'exactitude la diſtance de l'étoile à la lune.

2.º La vivacité de la lumiere de la lune efface en partie celle des étoiles; il faut donc ou ſe borner à ne prendre que des étoiles très-brillantes, ou bien, ce qui vaut peut-être mieux, affaiblir la lumiere de la la lune, ſans diminuer celle de l'étoile.

3.º On ne peut pas employer avec une exactitude ſuffiſante des diſtances d'étoiles à la lune, moindres que 10°; & dans les Almanachs nautiques, que la Commiſſion des longitudes établie en Angleterre a fait publier en 1767 & 1768, on ne trouve pas même une ſeule diſtance de 10° : d'ailleurs, plus les diſtances d'étoiles à la lune ſont petites, plus on eſt contraint de ne prendre que des étoiles qui ſont dans le ſens du mouvement le plus rapide de la lune; ce qui rend les obſervations & moins fréquentes & moins préciſes. On doit donc préférer à tous égards les grandes diſtances, & dès-lors on n'eſt plus aſſujetti à choiſir une étoile qui ſoit exactement dans le cours du mouvement de la lune : ce qui rend les obſervations très-fréquentes.

4°. Il n'eſt pas auſſi eſſentiel ni auſſi difficile de tenir l'inſtrument dans le plan des deux aſtres, que ſi on meſurait de petits arcs. De plus, pour mettre commodément à la mer l'inſtrument dans le plan de l'étoile & de la lune, j'ai remarqué que la lunette ne doit pas amplifier beaucoup les diametres des objets.

Cela poſé, voici un inſtrument que je me ſuis efforcé de rendre conforme aux remarques que je viens de faire. Nous l'aurions nommé *Mégametre*, ſi M.ʳ de Charnieres, Lieutenant des Vaiſſeaux du Roi, n'avait pas déja donné ce nom à l'héliometre de M.ʳ Bouguer, auquel il a fait meſurer des angles de 10°, qui eſt, comme nous l'avons prouvé, ſa plus grande extenſion. Afin de le diſtinguer de cet héliometre, avec lequel il n'a qu'un rapport éloigné, nous croyons pouvoir le nommer *Mégametre à réflexion.*

Le mégametre à réflexion tient autant de l'octant que de l'héliometre. On peut s'en former une idée affez exacte en fe repréfentant un octant d'un rayon de deux pieds, dont il ne faut conferver qu'un limbe de 10° d'amplitude, une alidade mobile par une vis de rappel & un grand miroir qui doit être de métal, & faire un angle de 30 ou 40°, avec le prolongement de la ligne de foi. On prendra enfuite deux objectifs de 15 à 18 pouces de foyer : peu importe qu'il y ait quelque différence dans leurs longueurs focales ; mais il eft intéreffant qu'à huit pouces d'un des objectifs il y ait un ou deux verres plans colorés, pour affaiblir la lumiere de la lune. Ces verres colorés feront placés entre l'objectif & l'oculaire ; ce qui produira le même effet que fi on fe fervait d'un objectif coloré : c'eft pourquoi nous appellerons cet objectif *coloré* pour le diftinguer des autres.

On adaptera avec des vis fur une plaque de cuivre ces deux objectifs à côté & très-près l'un de l'autre ; on attachera cette platine fur l'octant, de maniere que le verre coloré réponde au miroir de métal ; on regardera le contact des images au foyer des objectifs, avec un oculaire

d'un long foyer ; car, pourvu que cet inftrument amplifie fix à huit fois les objets en
diametre, il aura une exactitude fuffifante,
& fon ufage en fera plus facile que fi on
le faifait amplifier davantage.

Quand on voudra fe fervir de cet inftrument pour prendre la diftance d'une
étoile à la lune, on regardera la lune par
l'objectif coloré, dont la lumiere eft encore
affaiblie & détournée par le miroir de
métal, & l'étoile par l'autre objectif qui
n'altere nullement l'éclat de fa lumiere. Si
l'inclinaifon du miroir & la diftance entre
les objectifs ne permettent pas de mefurer un angle moindre que 60°, il eft
clair que le limbe comprenant un arc de
10°, on pourra mefurer des angles depuis
60° jufqu'à 80°. On remarquera auffi qu'il
eft plus commode que la graduation & l'alidade fe trouvent du côté oppofé au miroir, aux objectifs & à l'oculaire ; d'ailleurs, l'objectif qui fert pour l'étoile, doit
pouvoir s'écarter de l'objectif coloré, d'un
degré, par le moyen d'une vis, comme
dans l'héliometre, afin qu'on puiffe avoir
commodément & exactement les minutes
& demi-minutes.

Quant à la vérification de l'inftrument,
on peut fe fervir de la diftance de deux

étoiles entr'elles ; & pour cela, il faut ôter le verre coloré, ou bien, mettre un autre objectif & un miroir fixe incliné d'environ 30°, qui ne doit servir que lorsqu'on veut vérifier la position du miroir mobile.

MÉMOIRE

MÉMOIRE
SUR LE PILOTAGE,

QUI peut *servir de supplément à quelques articles du Traité de Navigation* de M.ʳ BOUGUER, *redigé par* M. l'Abbé DE LA CAILLE.

L'Objet du pilotage est de conduire un Vaisseau d'un Port dans un autre, quelle que soit leur distance.

La partie qui concerne l'entrée & la sortie des Ports, la navigation à la vue des Côtes, la connaissance des écueils, des fonds, des courans & des mouillages, n'est pas susceptible de préceptes; la perfection des Cartes dans les détails, & la longue expérience des Marins qui font ce qu'on appelle *le Cabotage*, font les seuls secours qu'on ait en ce genre. Il n'en est pas de même de la Navigation en pleine mer. Une fois la posi-

G

tion refpeſtive des différens lieux de la terre déterminée, ou par l'eſtime répétée des Voyageurs, ou par des obſervations aſtronomiques, on ſait la quantité de chemin qu'il faut faire pour ſe rendre dans un lieu donné, & en même tems la direſtion qu'il faut ſuivre : voilà donc les objets à remplir. Pour cet effet, on meſure le chemin qu'on a fait, à l'aide du loch, & la bouffole indique la direſtion ; il n'y a plus qu'à rapporter ſur les Cartes marines le réſultat de ces deux obſervations, pour en déduire la poſition du lieu où l'on eſt. Mais comme cette opération demanderait des répétitions trop fréquentes, vu l'inconſtance des vents & la variété de la route, qui en eſt une ſuite, on a cherché à y ſubſtituer une méthode plus commode.

Delà le quartier de réduſtion, par le moyen duquel on décompoſe la route du Vaiſſeau, dans le ſens de la latitude & de la longitude. Comme par les différentes directions que le vent oblige de ſuivre, on peut augmenter ou diminuer en latitude, on ſent que pour avoir un réſultat d'où l'on puiſſe déduire le progrès dans un ſens ou dans l'autre, il faut ajoûter toutes les quantités qui ſont dans le même ſens, & ſouſtraire la plus petite ſomme de la plus grande : il en eſt de même pour la longitude.

Il faut ſeulement obſerver que les lieues en longitude étant courues ſur des cercles paralleles à l'équateur, leur nombre pour former un degré de ces cercles, doit croître en raiſon directe des rayons de ces cercles ; cette réduction eſt expliquée dans tous les Livres qui donnent l'uſage du Quartier de réduction. On peut auſſi faire ces opérations au moyen du calcul trigonométrique, ce qui eſt à la vérité plus exact ; mais les inconvé-niens, inſéparables de l'eſtime, prouvent ſuffiſamment que le Quartier de réduction étant la méthode la plus ſimple, doit être preſque toujours préféré. En effet les moyens dont on ſe ſert pour ſavoir la route qu'a fait le Vaiſſeau, ſont le loch & la bouſſole. L'agi-tation de la mer & les courans rendent le loch fort incertain ; & la variation qu'éprouve l'aiguille aimantée, non-ſeulement dans dif-férens lieux, mais même dans différens tems, nuit à la préciſion qu'on doit attendre de la bouſſole. On obvie à la vérité à cet inconvé-nient en obſervant, le plus qu'on peut, cette variation au moment du lever ou du coucher du ſoleil ; mais le mouvement du Vaiſſeau, qui ſe communique au compas, laiſſe tou-jours une incertitude au moins de deux de-grés dans cette opération. De plus, la dérive du Vaiſſeau dans les routes obliques qu'on ne peut pas obſerver très-exactement, eſt une ſeconde erreur qui influe entierement, comme la premiere, ſur la direction.

On eſt donc forcé de convenir que le loch & la bouſſole ne ſuffiſent pas pour eſtimer dans de longues routes la longitude & la latitude avec aſſez de préciſion pour les uſages de la navigation ; & s'il n'y avait pas de moyens de redreſſer cette eſtime, les Marins ſeraient fréquemment expoſés aux plus grands dangers.

L'Aſtronomie fournit pluſieurs moyens de déterminer la latitude & la longitude ſur terre avec une très-grande exactitude ; mais malheureuſement à la mer on ne peut pas avoir les mêmes facilités. Cependant on obtient avec aſſez de préciſion à la mer la latitude par l'obſervation de la hauteur méridienne des Aſtres dont on connaît la déclinaiſon, c'eſt-à-dire, la diſtance à l'équateur : car la latitude d'un lieu eſt la diſtance de l'équateur au zénith de ce lieu. Par la hauteur méridienne de l'aſtre, on a ſa diſtance au zénith, à laquelle on ajoûte ou dont on retranche ſa déclinaiſon, ſelon qu'elle eſt boréale ou auſtrale, pour avoir la latitude.

Les Marins ne ſe ſervent ordinairement que de la hauteur méridienne du ſoleil ; ils ne doivent cependant pas négliger de se servir de celle des étoiles, quoique ce moyen très-fréquent ne soit pas aussi exact, puisqu'on ne peut observer que la nuit où l'horison n'est jamais bien terminé : ainsi on ne doit l'employer que quand un tems couvert a empêché d'observer le soleil au moment de son passage au méridien.

On connaît encore plusieurs autres méthodes de déterminer la latitude, mais qui malheureusement ne comportent pas une grande précision ; elles sont exposées dans l'Astronomie nautique de M.ʳ de Maupertuis : nous allons tâcher de donner ici une idée de celle qui paraît la meilleure.

Il faut prendre le plus exactement qu'il se puisse, deux hauteurs du soleil quelque tems avant ou après midi, & observer avec une montre à secondes l'intervalle de tems écoulé entre les deux observations : le Problême se réduit à en déduire la latitude. M.ʳ l'Abbé de la Caille donne dans l'Edition qu'il a faite du Traité de Navigation de M.ʳ Bouguer, des préceptes pour cela, qui sont fautifs dans plusieurs circonstances ; je l'ai éprouvé par les $32°$ de latitude Nord, au mois de Juin, & j'ai commis des erreurs de plus de $15'$: cela vient sans doute de ce qu'il s'est servi dans la solution de ce Problême, de la méthode des interpolations.

on verra certainement avec plaisir la solution analytique qu'en a donnée M.ʳ de Maupertuis dans son Astronomie nautique.

Soient Pp (*Fig.* 14.) l'axe de la sphere céleste ; $PZAHp\zeta ahP$ le méridien, & HXh l'horison du lieu ; AXa l'équateur, DEd le cercle que décrit l'astre, PEp le méridien qui passe au point E où l'astre se trouve, $ZE\zeta$ son vertical, & LEl son parallele à l'horison.

Soient $CP = r$; le sinus de la déclinaison de l'astre $CB = x$, son cosinus $DB = y$; le sinus de la hauteur du pole $PQ = s$, son cosinus $CQ = c$; le sinus de la hauteur de l'astre $CG = h$; le sinus de l'angle horaire $DBE = t$, son cosinus $= u$.

On a $GO = GC - CO = h - CO$. Les triangles semblables CBO, CPQ donnent $CO = \dfrac{r\,x}{s}$; donc

$$GO = \frac{h\,s - r\,x}{s}.$$

Les triangles semblables CPQ, GOF donnent $c : r ::$
$\dfrac{h\,s - r\,x}{s} : OF = \dfrac{r\,h\,s - r\,r\,x}{c\,s}$; mais $BO + OF =$

BF, & $BO = \dfrac{c\,x}{s}$, de plus $BF = \dfrac{y\,u}{r}$; donc

$$\frac{c^2 x + r\,h\,s - r^2 x}{c\,s} = \frac{y\,u}{r}, \text{ ou } c\,y\,u = \frac{c^2 r\,x - r^3 x}{s}$$
$+ r^2 h$.

On voit encore que $\dfrac{c^2 r\,x - r^3 x}{s} = - r\,s\,x$, parce-
que $\overline{PQ}^2 = HQ \times hQ$, c'est-à-dire, $s^2 = c^2 - r^2$;
donc on aura $c\,y\,u = r\,r\,h - r\,s\,x$.

Soient les sinus des deux hauteurs, h & h'; soit le sinus de l'angle du tems écoulé entre les deux observations, $= q$, & son cosinus $= p$; soient u & u' les cosinus des angles horaires. Les Théorêmes des sinus & cosinus donnent $r\,u' = q\,u - p\,t$; mais $t = (\sqrt{r^2 - u^2})$, on aura donc $u' = \dfrac{q\,u - p\,(\sqrt{r^2 - u^2})}{r}$: mais $u = \dfrac{r\,r\,h - r\,s\,x}{c\,y}$ & $u' = \dfrac{r\,r\,h' - r\,s\,x}{c\,y}$; on aura donc la valeur de s sinus de la hauteur du pole.

On suivra à peu près le même procédé pour trois observations de la hauteur du soleil. On voit aussi par-là comme il faudrait s'y prendre pour résoudre par la Trigonométrie sphérique le même Problême; mais quoique la solution ne soit pas par cette voie aussi élégante que celle que donne l'analyse, elle est cependant beaucoup moins pénible dans les applications numériques. On voudra bien me dispenser d'une plus ample exposition de ce moyen de déterminer la latitude, d'autant plus qu'il n'a point été assez éprouvé pour devoir être encore conseillé aux Marins qui pourraient s'en servir avec trop de confiance dans des circonstances désavantageuses.

Cette observation faite avec un octant bien vérifié, donne la latitude à trois ou quatre minutes près. Il n'en est pas de même de la longitude qu'on ne peut avoir qu'à l'aide d'une estime défectueuse, ou par des observations qui ne comportent pas le même degré de précision que celui avec lequel on détermine la latitude.

Cela posé, il est facile de voir que si la position d'une Isle est, par exemple, exactement à l'Est ou à l'Ouest de l'endroit d'où l'on part, on est sûr de la rencontrer en s'y entretenant par la premiere latitude & en courant à l'Est ou à l'Ouest; mais si la position est différente de celle qu'on suppose, il est clair que l'erreur en longitude peut influer assez sur votre estime, pour croire la rencontrer & en passer cependant fort loin. Il est donc nécessaire de commencer par se mettre à une certaine distance dans l'Est ou dans l'Ouest de l'endroit où l'on veut aller, & pour lors on se trouve dans la premiere supposition : c'est en effet le parti que les Marins sont obligés de prendre pour atterrer. On voit par là de quelle importance eſt la ſeule obſervation de la latitude. On eſt à la vérité obligé de parcourir les deux côtés d'un rectangle, pendant que l'on n'en parcourerait que la diagonale, ſi la longitude était auſſi exactement connue : j'oſe dire même que c'eſt preſque la ſeule difficulté ; car en prenant la précaution dont j'ai parlé, & celle de ne pas faire de chemin la nuit, quand on ſe ſoupçonne près de terre, la Navigation eſt pour ainſi dire auſſi ſûre que ſi l'on connaiſſait exactement la longitude. Il eſt bon cependant de remarquer que la perte du tems occaſionnée par la néceſſité de ces deux précautions & l'obligation de s'arrêter la nuit, ſur-tout quand on veut entrer dans un Port bloqué par des Ennemis (ce qui laiſſe échapper très-ſouvent les occaſions favorables de remplir ſon objet), ſont deux inconvéniens aſſez grands pour qu'on deſire avec le plus grand empreſſement que les moyens de déterminer la longitude à la mer ſe perfectionnent.

Avant de m'occuper de cette importante recherche, il eſt abſolument néceſſaire que j'expoſe les moyens de connaître exactement l'heure à la mer. Le lever & le coucher des aſtres & principalement du ſoleil ſervent aux Pilotes à regler à la mer leur ſablier, & ce moyen suffit pour l'usage auquel on le destine ; mais pour avoir l'heure exactement, il faut prendre, comme à terre, des hauteurs correspondantes, c'est-à-dire, observer, par le moyen d'une bonne montre à secondes, le moment où le soleil s'est trouvé à une certaine hauteur avant midi, & observer ensuite le tems où il se trouve à la même hauteur après midi. Le milieu entre ces deux instans sera l'heure que la montre marquait à midi, en supposant toutefois que la déclinaison ait été insensible dans l'intervalle du tems entre les deux observations. Si on veut y avoir égard, il faut recourir à une Table qui se trouve dans la connaissance des tems : c'est ce qu'on nomme *Correction du midi*. Si le Vaisseau a fait du chemin, on ne doit pas négliger cette seconde correction.

Quoique les hauteurs correspondantes soient, sans contredit, le meilleur moyen d'avoir à terre l'heure avec précision, je crois cependant qu'à la mer on doit leur préférer les hauteurs absolues des astres, prises dans des positions favorables : c'est pourquoi je vais m'y arrêter de préférence.

Soit PZF (*Fig. 15.*) le méridien, Z le zénith, P le pole, S l'astre. ZS est un vertical & PS est un cercle de déclinaison. Dans le triangle fphérique *PZS*, on connaît le côté *ZS*, qui eſt le complément de la hauteur ou la diſtance de l'aſtre au zénith, *PS* le complément de la déclinaiſon de l'aſtre, & *PZ* le complément de la latitude. Il eſt donc facile de trouver l'angle *ZPS* qui déſigne la diſtance de l'aſtre au méridien, par les analogies des triangles fphériques obliqu'angles dont les trois côtés ſont connus.

Le 12 Mai 1767, à la Rade de Saphi, par les 32° 20′ de latitude, j'ai obſervé la hauteur du ſoleil de 16° 40′ à 5 h. 21′ 51″ du ſoir à la montre. On demande l'heure vraie, la longitude étant de 45′ d'heure environ.

Le 12 à midi, la déclinaiſon du ſoleil était de 18° 8′ 42″ : mais à cauſe qu'il était 5 h. 22′, lors de l'obſervation à Saphi, & à Paris 6 h. 7′, la déclinaiſon du ſoleil ſera à cette heure, à peu près, de 18° 12′

En dégageant la hauteur du ſoleil de ſon demi-diametre & de l'effet de la réfraction, ſa diſtance au zénith ſera de 73° 12′.

Compl. latit.	57° 40′	Log.	9,926831
Compl. décli.	71° 48′	Log.	9,977711
Diſt. au zénith	73° 12′	Somme	19,904542 (a)
Somme	202° 40′		
Moitié	101° 20′		

Moitié,   101° 20′
Compl. décl.   71° 48′   101° 20′.
                                Compl. latit. 57° 40′.

────────────────────   ────────────────────

Différence,   29° 32′   Differ.   43° 40′.

Log. (43° 40′) 9,839140 ⎫
Log. (29° 32′) 9,692785 ⎭

────────────────

Somme,   19,531925

       ⊣ 20,000000 double du Log. fin. total.

━━━━━━━━━━━━━━━━━━

Somme,   39,531925

       (a) 19,904542

━━━━━━━━━━━━━━━━━━

Différence ,   19,627383
Moitié ,   9,813691.

Ce Logarithme répond à 40° 38′, dont le double eſt 81° 16′, diſtance du ſoleil au méridien. Réduiſant les degrés en heures, à raiſon de 15° par heure, on trouve 5 h. 25′ 4″. La montre retardait donc de 3′ 13″.

Lorſqu'on ſe ſert d'une étoile ou d'une planette, il ne ſuffit pas de trouver ſa diſtance au méridien ; mais il faut encore ſon aſcenſion droite pour pouvoir la comparer à celle du ſoleil.

Dans la connaiſſance des tems , on trouve pour tous les jours de l'année la diſtance de l'équinoxe au méridien, dont le complément à 360° eſt l'aſcenſion droite du ſoleil. On trouve auſſi dans le même ouvrage l'aſcenſion droite des principales étoiles ; on connaît donc leur différence d'ascension droite entre le soleil & ces étoiles, & conséquemment il est très-facile d'avoir l'heure.

On remarquera que l'instant le plus favorable pour connaître l'heure avec précision, c'est lorsque l'astre passe par le premier vertical. La connaissance exacte de l'heure à la mer, est nécessaire pour l'observation des longitudes ; d'ailleurs on peut s'en servir utilement dans plusieurs circonstances.

Je suppose que l'on ait une bonne montre, & que l'on soit par un parallele où les degrés de longitude ne valent que 10 lieues, & que courant à l'Est, on estime par le loch le chemin parcouru en 24 heures, de 75 lieues. Je suppose encore que les courans portent à l'Ouest, & qu'ils soient assez rapides pour faire faire aussi au Vaisseau 75 lieues en 24 heures. Il est évident que le Vaisseau, dans ces suppositions, n'aurait pas changé sensiblement de position ; il y aurait donc dans l'estime du chemin en 24 heures 75 lieues d'erreur. On peut redresser cette estime en déterminant dans les 24 heures deux ou trois fois l'heure par l'observation répétée de hauteurs absolues du soleil ; & la comparant à celle qu'indique une bonne montre à secondes, dont on connaît la marche, la différence des heures donnera la

différence des méridiens. Dans notre suppofition, cette différence en 24 heures fera d'une
demi-heure qui répond à 7° 30' de longitude ou à 75 lieues. Quoiqu'on ne fe trouve
jamais à la mer exactement dans les circonftances que je viens de fuppofer, qui
font les plus favorables à l'ufage des montres, pour la détermination des différences en
longitude & pour la connaiffance des courans, on fent affez de quelle utilité elles
peuvent être dans des pofitions où l'on fe
rencontre fréquemment. Je l'ai éprouvé plufieurs fois avec fuccès à la mer avec une
montre à fecondes, très-médiocre; & d'après
mon expérience, je crois que c'eft le feul
moyen de connaître à peu près en pleine
mer, la force des courans dans le fens de
la longitude; car pour leur effet, dans le
fens de la latitude, on le connaît affez bien
en comparant la latitude eftimée avec la latitude obfervée.

C'eft ici le lieu de dire un mot d'une expérience que j'ai faite à la mer pour tenter
de connaître la direction des courans. A
l'Oueft du détroit de Gibraltar, la mer étant
unie & le Vaiffeau n'ayant pas de mouvement fenfible, j'ai jetté deux morceaux de
liege trés-près l'un de l'autre. J'avais attaché,
à l'imitation du loch de M.ʳ Bouguer, un

poids de plomb à un des morceaux de liege avec une ficelle longue de 10 braffes.

Si les courans ne font qu'à la furface de l'eau, comme on a lieu de le préfumer, le plomb devait empêcher le liege auquel il était attaché, de recevoir l'impreffion abfolue du courant; ces deux lieges devaient donc s'écarter l'un de l'autre felon la direction du courant : c'eft auffi ce qui eft arrivé. Je ne dois cependant pas diffimuler que cet effai n'a point entierement répondu à mon attente, & qu'il exige plufieurs précautions & un calme plat, avec une mer très-unie.

On fent bien qu'on ne doit pas comparer ce moyen à celui des montres, fur-tout vu l'état actuel de l'Horlogerie. Les progrès qu'on fait tous les jours dans cet Art, font efpérer qu'on ne tardera pas à avoir des montres affez parfaites pour déterminer la longitude abfolue avec une précifion fuffi-fante pour les ufages de la navigation; les travaux de M.rs Harrifon, Berthoult & le Roi font trop connus pour que j'en faffe ici mention.

J'obferverai feulement qu'il faudra véri-fier, le plus fréquemment qu'il fe pourra, l'écart des montres marines par des obfervations aftronomiques, pour que les Marins puiffent y avoir une entiere confiance.

Quant à la détermination des longitudes fur mer par des obfervations aftronomiques, les meilleures méthodes font 1.° les éclipfes de Satellites de Jupiter, dont nous nous fommes déja amplement occupés. 2.° Les obfervavions de diftances d'étoiles ou du foleil à la lune; car les occultations d'étoiles par la lune ou les appulfes font trop rares pour être d'une grande utilité : auffi ne nous arrêterons-nous qu'à l'expofition du calcul qu'il faut faire pour déduire la longitude de l'obfervation d'une diftance de la lune à une étoile ou au foleil.

La méthode des diftances de la lune au foleil ou à une étoile, fut d'abord propofée par Kepler, & enfuite adoptée par Hadlei, qui en fit ufage, ainfi que tous les autres Aftronomes qui ont navigué depuis lui. En dernier lieu, M.ʳ Maskeline, Aftronome anglais, envoyé à l'Ifle Sainte-Helene en 1761 pour obferver le paffage de Vénus fur le difque du foleil, ayant éprouvé cette méthode, l'a recommandée aux Marins dans fon Livre intitulé : *British Mariner's Guide*, *London 1763*, où il donne des préceptes nouveaux & des méthodes faciles pour en faire le calcul. J'ai inutilemem cherché cet Ouvrage, qui aurait épargné à M.ʳ le Ch.ᵉʳ de Tremergat & à moi les calculs pénibles

que nous allons expofer avec un détail fuffifant.

La méthode des diftances a l'avantage de
ne dépendre effentiellement que d'une feule
obfervation de diftance ; elle ne fuppofe pas
la hauteur connue avec une extrême précifion ; elle ne dépend ni de la déclinaifon
de la lune, ni de la latitude de l'Obfervateur ; elle n'exige pas des calculs auffi longs
que ceux de l'afcenfion droite de la lune ;
enfin, la réduction de la diftance apparente
en diftance vraie, à raifon de la réfraction
& de la parallaxe, fe peut faire avec la regle & le compas par l'opération graphique
imaginée par M.ᵣ l'Abbé de la Caille. Tous
ces avantages prouvent qu'elle eft beaucoup
préférable à celle des hauteurs de la lune.

Sans la parallaxe & la réfraction, il ferait affez facile de déduire la longitude de l'obfervation d'une diftance d'étoile à la lune. En effet,
le lieu d'une étoile fixe eft exactement & très-
promptement connu, & celui de la lune
peut être calculé pour une heure donnée &
pour le méridien de Paris, avec affez de
précifion, par les Tables de M.ᵣ Mayer,
que nous joignons à la fin de cet Ouvrage ;
ce qui fixe la diftance de l'étoile à la lune.
Je fuppofe que cette diftance foit à Paris
à 8 heures du foir, de 30°, & qu'à la mer
j'attende

j'attende que cette diſtance ſoit auſſi exactement de 30°. Je ſuppoſe que le moment où
je verrai à la mer la lune diſtante de l'étoile
de 30°, ſoit à 9 h. du ſoir ; la différence
des heures donne la différence des méridiens:
cette différence eſt dans ce cas d'une heure,
qui répond à 15° de longitude. Mais la parallaxe & la réfraction alterent cette diſtance,
ſelon le lieu où l'Obſervateur ſe trouve placé,
& ſelon l'élévation des deux aſtres au deſſus
de l'horiſon. D'ailleurs, il y a des inconvéniens à attendre que la lune ſoit diſtante de
30° de l'étoile qu'on a choiſie, parce qu'outre qu'il faut ſuppoſer une table calculée de
ces diſtances, un nuage peut cacher l'étoile
ou la lune dans le moment même de l'obſervation. Il eſt donc néceſſaire de choiſir une autre
voie par laquelle on puiſſe facilement dégager cette diſtance des effets de la parallaxe
& de la réfraction.

J'ai obſervé, par exemple, le 7 Juillet
1767, une diſtance de l'épi de la Vierge, au
centre de la lune, de 36° 26′, à 8 h. 54′ 10″
du méridien du lieu, tems vrai, par une
latitude eſtimée 35° 4′, & par une longitude eſtimée 11° 51′. Hauteur apparente de
l'épi de la Vierge, 28° 20′. Hauteur apparente du bord inférieur de la lune, 29° 30′.

La longitude réduite en tems, à raiſon

de 15° par heure, eſt de 47′ 24″ qu’il faut ajoûter à 8 h. 54′ 10″, pour avoir l’heure qu’il était au méridien de Paris, lors de notre obſervation, ſuppoſant toutefois que la longitude eſtimée fût exacte ; on a donc 9 h. 41′ 34″, tems vrai, pour le méridien de Paris. Il faut actuellement chercher le lieu de la lune par les Tables de M.ʳ Mayer, pour 9 h. 41′ 34″, tems vrai du méridien de Paris, ou, ce qui eſt de même, pour 9 h. 45′ 23″, tems moyen du même méridien, parce que ces Tables ſont calculées pour le méridien de Paris & pour le tems moyen.

On trouve, par les Tables de M.ʳ Mayer, la longitude de la lune 7ˢ 26° 49′ 51″ à 9 h. 45′ 23″, tems moyen du méridien de Paris, & ſa latitude 4° 45′ 15″ auſtrale, ſon diametre horiſontal 31′ 3″, & ſa parallaxe horiſontale 56′ 53″. La lune parcourt en longitude, dans une heure, 32′ 43″, ce qu’on nomme *ſon mouvement horaire.*

Le lieu de la lune eſt déterminé par ſa longitude & par ſa latitude. Son mouvement en longitude eſt très-rapide, relativement à celui qu’elle a en latitude. Auſſi, pour plus grande commodité, ne conſidere-t-on que le mouvement de la lune en longitude.

Il s’agit maintenant de déduire de la distance de la lune à l'épi de la Vierge, observée 36° 26', la longitude de la lune, pour la comparer à celle déterminée par les Tables. Si ces deux longitudes sont égales, c'est une preuve que la longitude estimée est exacte; si au contraire elles diffèrent entr'elles de 32' 43", mouvement horaire de la lune, on est assuré qu'il y a 15° d'erreur dans la longitude estimée.

N'ayant égard ni à la parallaxe ni à la réfraction, il est très-facile d'avoir la longitude de la lune par sa distance à l'épi de la Vierge: car la latitude de l'épi de la Vierge est de 2° 2' 5" australe, & sa longitude 6ˢ 20° 35' 13"; la latitude de la lune est, selon les Tables, de 4° 45' 15" australe. En résolvant le triangle sphérique dont les trois côtés sont les complémens des latitudes de l'étoile & de la lune, & la distance de l'étoile à la lune, on trouve l'angle formé au pole de l'écliptique par les complémens des latitudes; cet angle mesuré sur l'écliptique, a pour arc la différence de longitude entre l'étoile & la lune. La longitude de l'étoile étant connue, celle de la lune l'est aussi.

Jusqu'à présent nous avons négligé la réfraction & la parallaxe, cependant on ne peut se dispenser d'y avoir égard.

Pour dégager la distance de l'étoile à la

lune, de l'erreur de la réfraction, on s'y prend de la maniere suivante.

Soit Z (*Fig. 16.*) le zénith, L la lune, E l'étoile; ZL sera la distance de la lune au zénith; ZE celle de l'étoile au même point; & EL la distance de l'étoile à la lune. Dans ce triangle sphérique obliqu'angle, il faut chercher, par le moyen des trois côtés connus, l'angle L que je nomme *Angle à la lune*, & l'angle E que je nomme *Angle à l'étoile*. La correction de la réfraction pour la lune est égale à la réfraction de la lune en hauteur, multipliée par le cosinus de l'angle à la lune; & réciproquement pour la correction de la réfraction qu'éprouve l'étoile.

La réfraction augmente les hauteurs apparentes des objets. Soit L' le lieu apparent de la lune; $L'N$ désigne combien la réfraction LL' de la lune a rapproché la lune de l'étoile. Il est facile d'avoir la valeur de $L'N$ par cette analogie; $LL' : L'N :: 1 : \sin. L'LN$. Or, sin. $L'LN =$ cosin. ZLE; donc $L'N = LL' \times$ cosinus ZLE. Par conséquent cette correction de la réfraction est égale à la réfraction de la lune en hauteur, multipliée par le cosinus de l'angle à la lune.

La hauteur de la lune & celle de l'étoile

étant connues, les Tables donnent la réfraction dans le sens de la hauteur, & on obtient par là une correction dans la distance de la lune à l'étoile, qui, dans ce cas, est d'environ 30″. Ainsi, la distance de la lune à l'étoile, corrigée de la réfraction, est de 36° 26′ 30″. Cette correction est additive, lorsque l'angle à la lune est aigu, & soustractive, lorsqu'il est obtus *

Nous devons maintenant nous occuper à dégager le mouvement de la lune en longitude, de l'effet de la parallaxe. Pour cet effet, il faut décomposer la parallaxe de hauteur en parallaxe de latitude & en parallaxe de longitude. La parallaxe est la différence entre le lieu où un astre paraît vu de la surface de la terre, & celui où il nous paraîtrait si nous étions au centre. La parallaxe des étoiles fixes est insensible, mais celle de la lune est considérable. Soit C le centre de la terre (*Fig. 18.*), T le lieu de la surface de la terre où l'Observateur est placé,

---

* Cette méthode est défectueuse dans certaines circonstances. Il vaudrait mieux résoudre les deux triangles EZL, $E'ZL'$ (*Fig.* 17). Cette opération est un peu plus longue, mais elle est plus exacte. Si les hauteurs de la lune & de l'étoile étaient bien connues, on pourrait se servir du même moyen pour dégager la lune de l'effet de la parallaxe; car la lune serait en L'', à cause de l'effet combiné de la parallaxe & de la réfraction. Ainsi, on aurait les deux triangles $E'ZL''$, EZL à résoudre.

L la lune qui est vue du point T à l'horison. L'angle TLC se nomme *Angle parallactique*, ou plus simplement *Parallaxe*. Le triangle TLC donne, $LC : TC :: 1 : $ sin. TLC $= \dfrac{TC}{LC} = $ sinus de la parallaxe horisontale.

Si la lune, au lieu d'être en L, se trouve en L', l'angle $TL'C$ est la parallaxe de hauteur. Le triangle $TL'C$ donne $L'C = LC : TC :: $ sin. $L'TC = $ sin. $L'TZ : $ sin. $TL'C$. De ces deux proportions on déduit $1 : $ sin. $TLC :: $ sin. $L'TZ : $ sin. $TL'C = $ sin. $TLC \times $ sin. $L'TZ$; ou sinus de la parallaxe de hauteur égale sinus de la parallaxe horisontale multipliée par le sinus de la distance de l'astre au zénith, ou, ce qui est de même, par le cosinus de sa hauteur apparente. On voit par là que l'astre n'a point de parallaxe, lorsqu'il est au zénith. La parallaxe de la lune, qui est la plus grande de toutes les parallaxes des astres, ne va jamais qu'à un degré, & le sinus d'un degré ne diffère de l'arc que d'un quart de seconde : on peut donc dire la parallaxe de hauteur égale la parallaxe horisontale multipliée par le cosinus de hauteur apparente. Soit p' la parallaxe de hauteur, p la parallaxe horisontale, & h la hauteur apparente; on a $p' = p \times$ cos. h, ou $p' = p \times$ fin. d, d étant la diſtance de l'aſtre au zénith.

Soit Z (*Fig.* 19) le zénith ; Q le pole de l'écliptique EG ; L le lieu vrai de la lune ; L' ſon lieu apparent dans le vertical ZLL' ; $QL'O$, QLF deux cercles de latitude : LF eſt donc la latitude vraie de la lune, & $L'O$ ſa latitude apparente. Soit $QC = QL$, & CL' ſera la parallaxe de la latitude ; l'arc OF de l'écliptique eſt la parallaxe de longitude : par conféquent $L'L = p'$, & $ZL' = d$. Soit de plus $QL' = l'$, $OF = x$, $CL' = y$; on aura d'abord $p' = p \times$ fin. d. Le triangle CLL' rectangle, qu'on peut regarder comme rectiligne, parce que l'angle FQO eſt très-petit, ainſi que les trois côtés CL, LL', CL', donne $CL : L'L ::$ fin. $CL'L : 1$, ou $CL = L'L \times$ fin. $CL'L$. Le triangle LQC rectangle en C donne auſſi $CL :$ fin. $LQC ::$ fin. $QL : 1$. Mais QL diffère très-peu de QL' ; & à cauſe que l'angle LQC eſt très-petit, ſon ſinus ſe confond avec l'arc OF qui en eſt la meſure ; donc $CL = OF \times$ fin. QL', ſenſiblement. De ces deux équations on déduit cette troiſieme $L'L \times$ fin. $CL'L = OF \times$ fin. QL'

ou $x = \dfrac{p \times \text{fin.}\, d \times \text{fin.}\, CL'L}{\text{fin.}\, l'}$.

Dans le même triangle $CL'L$, on a CL'

$= CL \times$ cotang. $CL'L$, c'eft-à-dire, $y =$ p fin. $d \times$ cotang. $CL'L \times$ fin. $CL'L$.

Il ne s'agit donc plus, pour avoir la parallaxe de longitude & celle de latitude, que de connaître l'angle $CL'L$ que le cercle de latitude, qui paffe par la lune, fait avec le vertical qui paffe auffi par la lune.

On fent bien qu'on peut toujours parvenir à connaître cet angle, puifque nous avons le lieu de la lune & l'état du ciel pour le moment de l'obfervation : il faut feulement le trouver par un calcul commode. Je trace pour cet effet le méridien AZB & l'horifon AEB. Si on mene du pole de l'écliptique au zénith l'arc QZ, on aura le triangle QZL', dans lequel QL', ZL' font connus. Il ne s'agit donc plus que de déterminer QZ pour avoir l'angle demandé $QL'Z$. L'arc QZ prolongé jufqu'en M eft en même tems un vertical & un cercle de latitude ; conféquemment il fait un angle droit avec l'écliptique en R & avec l'horifon en M. On fait qu'un vertical qui coupe à angle droit l'écliptique, le partage en deux parties égales, de maniere que l'arc ER eft de 90° ; on a nommé à caufe de cela le point R *Nonagéfime* : RM eft fa hauteur. Il eft auffi évident que $RM = QZ$.

Pour déterminer RM, il faut connaître

auparavant le point de l'écliptique qui était au méridien au moment de l'obfervation, c'eft-à-dire, trouver la longitude du point G de l'écliptique, & fa hauteur GB au deffus de l'horifon. Le point G fe nomme *point Culminant*. Nous verrons cependant qu'on peut fe contenter à la rigueur de fa hauteur GB au deffus de l'horifon.

On détermine le point culminant G par le point de l'équateur qui fe trouve dans le même inftant au méridien : ce point eft lui-même fixé par le complément de fa diftance à l'équinoxe, ou, ce qui eft de même, par l'afcenfion droite du milieu du ciel.

La diftance de l'équinoxe au foleil trouvée dans la Connaiffance des mouvemens céleftes, pour 9 h. 45′ 23″, heure à laquelle fe paffait à Paris l'obfervation, était de 16 h. 53′ 10″, puifqu'il était 8 h. 54′ 10″. On avait pour la diftance de l'équinoxe au méridien, 7 h. 59′ 00″, dont le complément eft 16 h. 1′, afcenfion droite du milieu du ciel, qui réduite en degrés, eft de 240° 15′.

Soit G (*Fig.* 20.) le point culminant, AR l'afcenfion droite du milieu du ciel; conféquemment GR eft la déclinaifon du point culminant, AG fa longitude; GAR l'angle connu que fait l'écliptique avec l'équateur, ce qu'on nomme *Obliquité de l'écliptique*. Le triangle sphérique rectangle *GAR* donne . . . . logarithme cotangente du point culminant égale logarithme cosinus de l'obliquité de l'écliptique, plus logarithme cotangente de l'ascension droite du milieu du ciel, réduite en degrés, moins logarithme sinus total.

Donc la longitude du point culminant est 242° 20′.

Le triangle rectangle *GAR* donne encore : logarithme tangente de la déclinaison du point culminant égale logarithme tangente de l'obliquité de l'écliptique, plus logarithme sinus de l'ascension droite du milieu du ciel, moins logarithme sinus total.

Déclinaison australe du point culminant de l'écliptique, 20° 39′.

Hauteur de l'équateur au dessus de l'horison, 55° 6′.

Si de la hauteur de l'équateur au dessus de l'horison, on ôte la déclinaison du point culminant 20° 39′, on aura la hauteur du point culminant au dessus de l'horison de 34° 27′

Le même triangle *GAR* donne enfin… logarithme cosinus de l'angle de l'écliptique avec le méridien égale logarithme cosinus de l'ascension droite du milieu du ciel, plus logarithme finus de l'obliquité de l'écliptique, moins logarithme finus total.

Angle de l'écliptique avec le méridien, 78° 36′.

Le triangle fphérique rectangle *GEB* (*Fig. 19*) nous donne............ logarithme cofinus de la hauteur du nonagéfime égale logarithme cofinus de la hauteur du point culminant, plus logarithme finus de l'angle de l'écliptique avec le méridien, moins logarithme finus total.

Hauteur *RM* du nonagéfime, 36° 4′ $=$ *QZ*.

Par le moyen de *QZ* ou de *L′Q* & de *ZL′*, on trouvera facilement l'angle cherché *QL′Z*; mais on doit craindre que le côté *L′Z*, complément de la hauteur apparente de la lune, ne foit pas connu avec affez d'exactitude. En ce cas, il faut fe réfoudre à chercher l'angle *ZQL′*, ce qui eft très-facile, puifqu'il ne s'agit que d'avoir l'arc *OR*, différence entre la longitude de la lune & celle du nonagéfime.

Le triangle fphérique rectangle *GEB* nous fournit cette équation............ logarithme cotangente *EG* ou fon complément logarithme tangente *GR* égale logarithme finus total, plus logarithme cofinus de l'angle de l'écliptique avec le méridien , moins logarithme tangente du point culminant.

L'arc $GR = 16° 45'$.

Pour avoir la longitude du nonagéfime, il faut à la longitude du point culminant ajoûter l'arc GR , lorfque la longitude du point culminant fera dans les fignes afcendans, & au contraire, le fouftraire dans les fignes defcendans.

Longitude du nonagéfime, $225° 35'$.

Longitude de la lune déduite du calcul, $236° 49' 51''$.

En prenant la différence entre la longitude de la lune & celle du nonagéfime, on a la diftance de la lune au nonagéfime $11° 14' 51''$, & conféquemment l'angle ZQL'.

Le triangle fphérique ZQL' donne $\operatorname{fin}. QL'Z = \dfrac{\operatorname{fin}. QZ \times \operatorname{fin}. ZQL'}{\operatorname{fin}. ZL'}$. Mais nous avons déja vu que $x = \dfrac{p \times \operatorname{fin}. d \times \operatorname{fin}. CL'L}{\operatorname{fin}. l'}$. En fe rappellant les dénominations de x, d, p, l, on voit que $ZL' = d$, & de plus que l'angle $CL'L$ eft la même chofe que $QL'Z$; on aura donc $x = \dfrac{p \times \operatorname{fin}. d \times \operatorname{fin}. QZ \times \operatorname{fin}. ZQL'}{\operatorname{fin}. d \times \operatorname{fin}. l'} = \dfrac{p \times \operatorname{fin}. RM \times \operatorname{fin}. ZQL'}{\operatorname{fin}. l'}$,

c'eft-à-dire, que . . . . le logarithme de la parallaxe de longitude eft égal à la parallaxe horifontale réduite en fecondes, plus logarithme finus de la hauteur du nonagésime, plus logarithme sinus de la distance de la lune au nonagésime, moins logarithme cosinus de la latitude de la lune, moins logarithme sinus total, qui est toujours sous-entendu.

Si je me sers de la latitude vraie de la lune, la parallaxe en longitude sera $6'\ 34''$.

Pour avoir la parallaxe en latitude, il faut se rappeller que cette parallaxe, ou, ce qui est de même, $y = p \times$ sin. $d \times$ sin. $CL'L \times$ cotang. $CL'L = p \times$ sin. $L'Z \times$ cotang. $QL'Z \times$ sin. $QL'Z$.

La Trigonométrie donne, en faisant quelques substitutions faciles, cette valeur de la cotang.

$$QL'Z,\quad \frac{\text{sin. } QL' - \text{cos. } L'QZ \times \text{cos. } QL' \times \text{tang. } QZ}{\text{sin. } L'QZ \times \text{tang. } QZ}.$$

Mettant cette valeur de la cotangente de $QL'Z$, dans la valeur de y, on aura, toute réduction faite, ...
$$y = p \times [\text{ cos. } RM \times \text{sin. } l' - \text{cos. } OR \times \text{cos. } l' \times \text{sin. } RM].$$

Lorsqu'on ne veut pas une extrême précision, on peut négliger le second terme, & y devient p cos. $RM \times$ sin. l' ; ce qu'on peut énoncer de cette maniere. . . . . . .
logarithme parallaxe de la latitude (premiere partie) égale logarithme sinus parallaxe horisontale, plus logarithme cosinus de la hauteur du nonagésime, plus logarithme

cósinus de la latitude apparente de la lune.

La latitude de la lune trouvée par les Tables, est 4° 45′ 15″ australe. En se servant de cette latitude, on a pour la parallaxe de latitude, 45′ 59″.

Par conséquent la latitude apparente de la lune est de 5° 31′ 4″. En se servant de cette latitude on trouve pour la parallaxe approchée de latitude, 45′ 46″.

La seconde partie de la parallaxe en latitude peut s'exprimer ainsi. . . . . logarithme parallaxe en latitude (seconde partie) égale logarithme parallaxe horisontale, plus logarithme sinus de la latitude apparente, plus logarithme sinus de la hauteur du nonagésime, plus logarithme cosinus de la distance apparente de la lune au nonagésime.

Cette seconde partie de la parallaxe en latitude, n'est que de 3′ 9″ ; ainsi on voit qu'on pourrait la négliger.

Parallaxe absolue de latitude , 48′ 55″ ; car on voit qu'il faut ajoûter ces deux parties, quand la distance de la lune au nonagésime & la distance de la lune au pole élevé de l'écliptique, sont de différente nature ; & au contraire, les retrancher quand elles sont de même nature.

La latitude apparente de la lune est donc 5° 34′ 10″ australe.

Comme nous ne connaissions pas la latitude apparente de la lune, lorsque nous
avons cherché sa parallaxe en longitude,
nous avons été contraints d'employer dans
cette recherche sa latitude vraie, & au lieu
de 6' 34", nous trouverons 6' 39" pour la
parallaxe vraie de longitude.

Latitude de l'étoile, 2° 2' 5" australe.

Complément de la latitude apparente de
la lune, 84° 25' 20".

Complément de la latitude de l'épi de la
Vierge, 87° 57' 55".

Distance de l'étoile au centre de la lune,
corrigée de la réfraction, 36° 26' 30".

En résolvant le triangle sphérique, par
le moyen des trois côtés, on aura la différence de longitude apparente de l'étoile au
centre de la lune, 36° 22'.

Longitude de l'épi de la Vierge, 6^s 20°
35' 13".

De cette longitude il faut ôter ou ajoûter
la différence de longitude apparente de
l'étoile à la lune, pour avoir la longitude
apparente de la lune, 7^s 26° 57' 13".

La parallaxe en longitude doit être ajoû-
tée à la longitude apparente de la lune, lorfque fa longitude eft plus petite que celle
du nonagéfime ; & au contraire doit être
retranchée, lorsqu'elle eft plus grande, pour

avoir la longitude vraie de la lune déduite de l'obfervation, 7ˢ 26° 50′ 35″.

Longitude de la lune deduite du calcul, 7ˢ 26° 49′ 51″.

Différence entre ces deux longitudes, 44″.

Pour avoir cette différence en tems, il faut fe fervir du mouvement horaire vrai de la lune, qui eſt 32′ 43″, ce qui donne 1′ 21″ de tems, qui répond à 20′ 15″ de degrés de longitude ; ainfi la longitude obfervée était plus Oueſt de 20′ 15″, que la longitude eſtimée.

Ceux qui voudront un plus ample détail fur cette matiere, pourront confulter l'Aſtronomie de M.ʳ de la Lande, d'où j'ai tiré une partie de ces détails.

MÉMOIRE

SUR *l'art de tailler & polir les verres & les miroirs des Télescopes dioptriques & catoptriques.*

IL ne paraît pas qu'on ait fait de grands progrès dans l'art de tailler les verres & de les polir, depuis Huyghens, Borelli & Campani ; car on ne connaît aucun objectif qui puisse être comparé à celui de 123 pieds de Huyghens, & à celui de 34 pieds de Campani : nos Artistes ont même trouvé tant de difficultés à faire de longs objectifs, qu'ils se sont vus bornés à en faire de 18 pieds au plus, de distance focale, ce qui suffit pour les usages ordinaires de l'Astronomie, où les lunettes moindres que 12 pieds ne rendraient point assez d'effet, & plus longues que 18 pieds, exigeraient un appareil trop embarrassant.

La belle découverte des lunettes achro-

I

matiques a fait diſparaître l'inconvénient qui provient de la longueur des objectifs, & on a tout lieu d'eſpérer que cette invention, qui recule très-loin les limites de la Dioptrique, contribuera encore ſingulierement à perfectionner l'Aſtronomie.

Pour retirer des objectifs achromatiques tous les avantages qu'on a lieu d'en attendre, il eſt abſolument indiſpenſable de perfectionner l'art de tailler les verres, autant qu'il en eſt ſuſceptible.

Nous croyons pouvoir nous diſpenſer de parler ici des Traités qu'on a faits ſur cette matiere, parce qu'outre qu'ils ſont en très-petit nombre, il n'y a gueres que celui de M.r Huyghens qui ſoit généralement eſtimé: encore y a-t-il pluſieurs méthodes que j'ai tenté ſans aucun ſuccès; enſorte que je crois devoir me borner à ne décrire que les méthodes que j'ai éprouvées moi-même, & qui ſont d'ailleurs en uſage parmi nos Artiſtes les plus célebres.

Pour éviter tous reproches, je préviens d'avance que je ne fais que raſſembler ici ce que j'ai vu pratiquer de mieux ſur l'art de tailler les verres, & que ſi je ne nomme pas les Auteurs des méthodes que je vais décrire, c'eſt faute de les connaître.

On doit avoir, pour tailler les verres,

deux especes de formes ou bassins, l'une pour dégrossir le verre, & l'autre pour achever de lui donner une forme réguliere & pour le polir.

Le bassin à dégrossir est ordinairement de fer, & c'est avec de l'eau & du grais pilé & tamisé qu'on fait prendre au verre la forme du bassin.

Le bassin qui sert ensuite à adoucir le verre, peut être de cuivre jaune, de cuivre rouge, d'étain ou de verre. Le cuivre jaune ou le laiton, sur-tout celui qui est en planche, est la matiere dont les Artistes ont coutume de faire leurs bassins, parce qu'on lui fait prendre aisément, sur le tour, la forme qu'on desire, & que d'ailleurs il n'est pas à beaucoup près, aussi sujet au verd de gris que le cuivre rouge ; ajoûtez à cela que celui-ci ne se trouve pas avec la même facilité. Il faut cependant convenir que les bassins de cuivre rouge ont l'avantage d'être plus doux que ceux de laiton, & par cette raison peuvent leur être préférés, pourvu qu'on ait soin de les tenir propres. Les bassins d'étain sont aussi très-doux, mais ils n'ont pas assez de consistance. Les bassins de verre seraient, ce me semble, les meilleurs, s'ils ne perdaient pas leur forme avec trop de facilité.

On se sert d'émeris de différentes finesses,

qu'on délaye dans de l'eau pour achever de donner au verre une figure parfaite.

Quand les baffins ont à peu près la figure qu'on defire, il faut les tourner exactement de la courbure qu'ils doivent avoir. Pour cet effet, il faut faire deux calibres de laiton de la maniere fuivante :

Prenez deux plaques de cuivre, égales, bien battues & bien unies, dont la longueur foit un peu plus grande que celle du baffin fondu ; tracez avec un compas à verges, fur chacune d'elles, un arc de la même courbure que celle qu'on veut donner au baffin, & découpez enfuite avec la lime, en fuivant bien exactement les arcs tracés, dans l'une un arc convexe & dans l'autre un arc concave : frottez-les enfuite l'un contre l'autre avec de l'émeri fin & de l'eau. On peut encore fe procurer d'affez bons calibres en verre, en traçant fur une plaque de verre, mince, un arc, avec un compas à pointes de diamant. On les perfectionnera, en les frottant l'un contre l'autre de la même maniere que les arcs de cuivre.

Les Artiftes qui tournent les baffins, fe fervent du tour à roue, & donnent au baffin la courbure qu'il doit avoir, en regardant fi le calibre touche également par-tout. Pour donner à leurs baffins le dernier degré de perfection, ils frottent le baffin convexe fur le baffin concave, avec de l'émeri fin & de l'eau ; & s'ils n'en ont pas deux, ils fondent dans le baffin qu'ils veulent perfectioner, une compofition de plomb & d'étain ou quelquefois d'étain feul : ce nouveau baffin fert à donner , avec de l'émeri & de l'eau , à leur baffin toute la perfection poffible. On enfume le baffin avec du noir de fumée , afin que le plomb & l'étain ne s'y attachent point.

Il eft d'une extrême conféquence que les verres dont on veut faire les objectifs , foient fans filandres & fans nuages ; il faut prendre garde encore qu'ils ne foient gelatineux. Un moyen de reconnaître ces défauts , eft de préfenter le verre au foleil , & de recevoir la lumiere après qu'elle a paffé au travers , fur un papier placé près de ce verre. Les points & les bulles d'air ne font préjudiciables qu'aux oculaires : les objectifs fi renommés de Campani en font remplis. Les filandres font le principal défaut du flint-glafs , & il eft rare d'en trouver qui en foit entierement exempt. Au refte, les fils ne produifent un bien mauvais effet que lorfqu'on obferve les étoiles & les planettes, particulierement Jupiter; car il ne m'a point paru qu'ils fuffent fenfibles , lorfqu'on obferve la lune & les

I iij

objets terreftres. Les défauts dans les verres font d'autant plus fenfibles, que ces verres font d'un plus long foyer. Il y a encore un moyen facile de s'appercevoir fi le verre qu'on deftine à faire un objectif eft défectueux. Ayant d'abord commencé par le rendre plan des deux côtés, on n'a qu'à le mettre fur un objectif & regarder la lune ou une bougie éloignée, de maniere que l'œil fe trouve au foyer de l'objectif; alors le verre paraîtra tout illuminé, & on en appercevra jufqu'au moindre défaut.

Voici comme on donne maintenant la forme circulaire au verre. On l'arrondit d'abord grof-fiérement avec une pince platte, de fer qui ne foit pas trempé en paquet; on lui donne en-fuite une forme parfaitement circulaire fur le tour, par le moyen d'un cylindre de tôle, en-viron du diametre du verre, avec de l'eau & du grais, & on adoucit le bord avec de l'émeri fin & de l'eau mis dans un cy-lindre de cuivre, de plomb ou d'étain.

Le verre étant arrondi doit fe centrer, c'eft-à-dire, être mis d'égale épaiffeur à fes bords, fur le baffin à dégroffir. Pour connaître fi le verre eft réduit par-tout à égale épaiffeur, on peut fe fervir d'un inftrument connu en Horlogerie fous le nom de *Calibre à pignon*; ce qui eft fuffifant dans la pratique. Après qu'il eſt centré, on attache avec un maſtic fait de poix, de cire & de cendres, une molette faite d'un bouchon de liege. Les dimenſions de cette molette varient un peu, ſuivant le diametre des verres. Pluſieurs Artiſtes la prennent d'un pouce de hauteur & de dix lignes environ de diametre pour des verres qui ont depuis deux juſqu'à quatre pouces de largeur. Les molettes de liege doivent être préférées aux autres, parce que le liege étant élaſtique & léger, elles n'ont point les défauts de celles de bois & de métal, dont les premieres déforment le verre en ſe déjettant, & les autres le font plier par leur peſanteur ; enſorte que nos meilleurs Artiſtes ne ſe ſervent que de liege. M.ʳ de l'Etang qui eſt ſans contredit celui qui a fait juſqu'à préſent les meilleurs objectifs achromatiques, ne ſe ſert que de ſemblables molettes, & c'eſt auſſi de cette maniere que M.ʳ Anthaume a conſtruit ſon excellent objectif.

Quand le verre eſt dégroſſi, on l'adoucit enſuite dans le baſſin de cuivre, en ſe ſervant d'émeri fin délayé dans une ou deux gouttes d'eau : il faut promener le verre circulairement dans le baſſin, de maniere qu'il n'uſe pas plus les bords que le centre. C'eſt ici où ſe trouve la plus grande difficulté : l'habitude & l'expérience peuvent ſeules in-

diquer toutes les précautions qu'il faut prendre. L'émeri dont on se sert pour adoucir le
verre, devant être de différens degrés de fi-
nesse, voici comme il doit être préparé.

Faites-en broyer une très-grande quantité
sur un plateau de fer avec une grosse molette d'acier ; tamisez ensuite cet émeri
afin d'en ôter les trop gros grains qu'on
broyera de nouveau ; jettez cet émeri dans
l'eau ; agitez ensuite l'eau pour que l'émeri
se mêle avec elle ; laissez reposer le tout
une demi-heure , & ôtez ensuite toute
l'eau , sans la troubler le moins qu'il est
possible , par le moyen d'un syphon ou
par tel autre expédient que vous jugerez
convenable ; remettez de nouvelle eau &
laissez-la reposer aussi une demi-heure : si
vous trouvez qu'elle soit encore teinte
d'émeri , ôtez-la sans la troubler & en remettez de nouvelle , & continuez ainsi jusqu'à ce qu'enfin l'eau vous paraisse sensiblement claire ; alors vous serez sûr que
le résidu ne contient plus d'émeri trop fin.
Vous pourrez jetter toute l'eau que vous
aurez ôtée jusqu'alors , ne pouvant être
d'aucun usage, parce qu'elle contient un
émeri trop fin.

Troublez ensuite cette eau sensiblement
claire, au fond de laquelle est le résidu,

puis la laiffez repofer 15 minutes ; ôtez alors , par le moyen d'un fyphon , cette eau teinte d'émeri , fans la troubler , & mettez-la dans un vafe ; remettez de l'eau & répétez la même opération (obfervant de ne faire durer à chaque fois l'écoulement de l'eau , par le moyen du fyphon , que deux minutes au plus) jufqu'à ce que l'eau que vous aurez laiffée repofer 15 minutes , ne foit plus fenfiblement teinte d'émeri.

Laiffez enfuite repofer toute cette eau teinte d'émeri que vous avez retirée à chaque opération & que vous avez mife dans un vafe ; il fe formera au fond un dépôt d'émeri très-fin & très-égal qu'on appelle *émeri de 15 minutes :* ôtez l'eau & laiffez fécher le réfidu.

Verfez de l'eau fur le premier réfidu , c'eft-à-dire fur celui d'où vous avez tiré votre émeri de 15 minutes ; laiffez-la repofer 8 minutes ; ôtez cette eau teinte d'émeri , par le moyen du fyphon , & la mettez dans un vafe ; répétez l'opération comme pour l'émeri de 15 minutes , & vous aurez de l'émeri de 8 minutes.

Répétez la même opération pour 4′ , 2′ , 1′ , 30″ , 15″ , 8″ ; & vous aurez des émeris de différentes fineffes , qui feront bien égaux , ce qui eft un grand avantage ; car autant qu'on le peut, il faut que l'émeri, par exemple, de 4 minutes, ne contienne pas de celui de 8 minutes & de 15 minutes : cela lui ferait perdre de sa bonté.

Quand le verre est parfaitement adouci, on colle un papier sur le bassin, de cette maniere : on prend du papier de serpente de Hollande, le plus fin, le plus égal & le moins gommé qu'il est possible ; on le coupe de la grandeur du bassin ; on le trempe dans l'eau & on l'essore avec une serviette fine ; on étend avec un pinceau une légere couche d'eau gommée ; puis on applique le papier sur le bassin, auquel on en fait prendre exactement la forme avec le verre même : on laisse ensuite sécher le papier ; & quand il est sec, on ôte avec un bon canif les petits graviers qui peuvent s'y trouver ; puis on le frotte avec un verre dont les bords seuls portent sur le bassin, & qui ait un biseau un peu rude. Ce verre fait l'effet d'une lime fine, qui ôte les plus petites inégalités du papier.

Quand le bassin est ainsi préparé, on y applique une légere couche de tripoli de Venise, qu'on repand également & auquel on ôte ce qu'il peut y avoir de rude avec le brisoir ; on nettoie le verre avec du vinaigre, dans lequel on a fait dissoudre du vitriol bleu jusqu'à parfaite saturation ; & on frotte en prenant la molette avec les deux mains & le plus près du verre qu'il est possible, & faisant aller le verre en ligne droite d'une extrémité du bassin à l'autre. On ne doit point mettre de nouveau tripoli, & la premiere couche doit suffire pour polir un verre.

Si le verre qu'on polit est de flint-glass, on préfere au tripoli de Venise la pierre pourrie.

Lorsque les verres sont minces & d'un grand diametre, ils sont sujets à se plier dans le travail, ce qui arrive sur-tout aux verres concaves. Pour éviter cet inconvénient, quelques Artistes ont coutume de les doubler avec une ardoise & du plâtre ; mais je dois avertir que cette méthode ne vaut rien. Le plâtre en se séchant défigure totalement le verre : je l'ai éprouvé en travaillant un objectif achromatique de 12 pieds de distance focale & de 6 pouces de diametre. J'avais donné au flint-glas une figure très-réguliere ; mais ne le trouvant pas assez poli, après plus de douze heures de travail consécutif, je résolus de le doubler avec une ardoise & du plâtre, pour pouvoir appuyer un peu en polissant le verre ; j'apperçus en examinant la courbure du flint-glass, par la réflexion d'une bougie allumée, que le plâtre l'avait abfolument déformée ; ce qui me détermina à chercher une autre voie, & j'imaginai la méthode fuivante, qui n'a point le même inconvénient. Doublez votre verre avec un autre verre dont la figure réponde à peu près à la fienne, de maniere que leurs bords feuls fe touchent fans que leurs centres portent ; & pour les attacher ainfi, fervez-vous d'eau légerement gommée. Si un des côtés d'un verre eft plan, il fe polit de la même maniere que le côté courbe ; ainfi il n'y a rien de particulier à dire fur ce fujet. Nous devons feulement prévenir qu'il eft très-difficile de rendre un verre parfaitement plan à caufe de l'extrême difficulté qu'on rencontre à donner une furface parfaitement plane aux plaques de cuivre qui fervent à ce travail : d'où l'on voit qu'on doit abandonner totalement cette figure pour les objectifs d'une diftance focale un peu confidérable.

Quant aux oculaires, ils fe font ordinairement au tour & fe poliffent de même. Pour coller le papier, on le découpe en fufeau dont le fommet fe met au centre du baffin & la bafe à la circonférence. Quand ils font fort petits, on fait chauffer le baffin ; on y met du maftic qu'on répand également ; on y applique enfuite du taffetas bien égal ; puis avec l'oculaire qu'on mouille, on fait prendre au taffetas la forme du baffin, & on polit l'oculaire avec de la potée & de l'eau. Il y a des Artiftes qui préferent à l'émeri, pour adoucir les petits oculaires, la brique pulvérifée très-fine & très-égale.

Nous nous difpenferons de donner ici les autres méthodes de tailler les verres, parce que celle-ci eft la meilleure : elle eft à la vérité très-longue ; mais fi on veut en employer de plus expéditives, on parviendra difficilement à faire de bons objectifs. D'ailleurs, on fent que pour tailler & polir un verre promptement, il faut le dégroffir & l'adoucir, au tour, avec du grais & le polir de même, en fe fervant de potée rouge, qui mord plus que le tripoli & la pierre pourrie, & d'un poliffoir qui foit flexible & qui puiffe prendre la courbure du verre quand il ne l'auroit pas. On conçoit que ce poliffoir peut être fait d'un morceau de bois tourné à peu près de la courbure du verre & d'un plus grand diametre. Ce morceau de bois doit être recouvert d'un morceau de feutre ou de chapeau, fur lequel on met une couche de potée rouge ; cette efpece de baffin de bois eft attaché à l'arbre du tour ; on le fait tourner avec rapidité, & en même tems on appuye fortement le verre fur ce baffin. On fent combien cette méthode eft mauvaife, cependant elle eft en ufage parmi un très-grand nombre d'Artiftes, dont plufieurs ne fe fervent pas même du tour; ce qui ferait un peu plus expéditif.

Par l'expofé que nous venons de faire, on ferait peut-être difpofé à croire qu'il n'eft pas difficile de tailler régulierement un verre; cependant, j'ofe le dire, cet art, quoique fondé fur des préceptes très-fimples, exige une pratique & une adreffe très-grande; & il n'y a gueres en France que M. de l'Etang, M. Georges, Opticien de l'Académie, & deux ou trois autres Opticiens, qui foient en état de faire de bons objectifs achromatiques.

Nos meilleurs Artiftes compofent actuellement le métal dont ils font les miroirs de télefcopes, avec 20 onces du cuivre de Rofette, le plus fin, & 9 onces d'étain fin d'Angleterre mis en grenaille. On met auffi quelquefois du régule d'antimoine, ou, ce qui vaudrait peut-être mieux, 8 onces d'arfenic. Voici comme fe fait cette compofition.

Après avoir échauffé le creufet peu à peu, on pouffe le feu enfuite de plus en plus, jufqu'à ce que le creufet foit rouge; puis on y jette le cuivre en très-petits morceaux, & on fouffle jufqu'à ce qu'il foit fondu. On fait enfuite fondre l'étain à part, & on le jette dans le creuset, ayant auparavant bien écumé le cuivre avec une cuiller de fer que l'on aura bien fait rougir au feu ; après cela on retire ce mêlange & lorsqu'il commence à se refroidir, on le coule dans des moules un peu chauds, les inclinant de côté & se donnant de garde de les remuer que la matiere ne soit refroidie. Lorsque l'on jette dans le creuset de l'arsenic, il faut en éviter avec grand soin la fumée.

Les miroirs étant fondus à peu près de la courbure qu'on veut leur donner, on les tourne avec des burins du meilleur acier & bien trempé, parce que cette matiere est très-dure ; puis on perfectionne leur courbure sur des bassins de cuivre avec de l'émeri & de l'eau ; & quand ils sont parfaitement adoucis, on chauffe le bassin ; on verse dessus du mastic dont nous avons parlé ; on le répand le plus également qu'il se puisse ; on le recouvre d'un taffetas qui s'attache au mastic ; & avec un verre ou bassin de même grandeur & d'une courbure parfaitement correspondante à celle du bassin sur lequel on a attaché le taffetas, on lui fait prendre l'exacte courbure du miroir que l'on polit sur ce taffetas avec de la potée bien lavée & de l'eau.

Il y a des Artistes qui polissent les mi-

roirs d'une maniere différente de celle que
je viens de décrire, & qu'ils difent lui être
préférable à certains égards; mais ils en
font un myftere felon leur *louable* coutume,
& ce que j'en ai pu découvrir, n'eft pas
fuffifant pour rien hafarder fur ce fujet.

FIN DES MÉMOIRES.

DE LA MANIERE

DE se servir des Tables suivantes pour le calcul du lieu du Soleil & du lieu de la Lune.

ON a ajoûté aux Tables de la lune de M.ᵣ Mayer, celles du foleil, parce que le calcul du lieu de la lune demande que l'on connaiffe l'anomalie moyenne du foleil & fa longitude. Avant de calculer un lieu de la lune pour une heure donnée, nous commencerons donc par calculer un lieu du foleil pour la même heure. Les Tables du foleil auxquelles nous avons donné la préférence pour les placer dans cet Ouvrage, font celles de M.ᵣ l'Abbé de la Caille.

Suppofons que l'on demande le lieu du foleil pour le 24 Novembre 1768, à 10 h. 44′ 53″ de tems moyen.

Il faut prendre (*page 151*) la longitude moyenne du foleil & celle de fon apogée, pour le commencement de l'année 1768, le mouvement pour le mois d'Octobre (*même page*), pour 24 jours & pour 10 heures 44′ 53″ (*pag. 152 & 153*); on ajoûtera enfemble ce qui appartient à la longitude du foleil, & l'on fera pareillement une fomme de ce qui appartient à celle de fon apogée, comme on le voit ici.

Longitude & Mouvemens du Soleil.				Longitude & Mouvemens de l'Apogée.			
Pour 1768.	9.ˢ	10°	38′ 34″	Pour 1768.	3.ˢ	8°	57′ 43″
Pour Octob.	9	29	38 12	Pour Octob.			55
Pour 24 j.		23	39 20	Pour 24 j.			4
Pour 10 h.			24 38				
Pour 44′			1 48				
Pour 53″			2				
Longit. moy. du Soleil.	8.ˢ	4°	22′ 34″	Longit. moy. de l'Apogée.	3.ˢ	8°	58′ 42″

On retranchera enfuite la longitude moyenne de l'apogée

de celle du foleil ; le refle 4ˢ 25° 23′ 52″ fera l'anomalie moyenne du foleil.

Avec l'anomalie moyenne on cherchera (*page 155*) l'équation du centre qu'il faut appliquer à la longitude moyenne du foleil pour avoir fa longitude vraie.

On trouvera vis-à-vis de 4ˢ 25° l'équation — 1° 7′ 25″; & pour avoir la petite partie proportionnelle aux 23′ 52″, qui doit être retranchée de cette équation, parce que l'équation va en diminuant, on fera cette proportion, 60′ : 23′ 52″ :: 1′ 41″ (différence pour un degré) : la partie cherchée qu'on trouvera de 40″ ; l'équation du centre fera donc — 1° 6′ 45″. La retranchant de la longitude moyenne du foleil, on aura enfin la longitude vraie de cet aftre, 8ˢ 3° 15′ 48″.

Si le tems propofé eft un tems vrai, il faut le convertir en tems moyen à l'aide des deux Tables pour l'équation du tems (*pag. 156, 157 & 158*); ce qui demande que l'on commence par faire le calcul précédent pour le tems vrai donné, l'une de ces Tables ayant pour argument l'anomalie moyenne du foleil, & l'autre fa longitude.

Suppofons, par exemple, que le tems pour lequel on demandait ci-deffus le lieu du foleil, fût un tems vrai. Avec l'anomalie moyenne du foleil 4ˢ 25° 23′ 52″, on chercherait dans la premiere Table la premiere partie de l'équation du tems, que l'on trouverait être — 4′ 26″,8; & avec la longitude vraie du foleil 8ˢ 3° 15′ 48″, on chercherait dans la feconde Table, la feconde partie que l'on trouverait de — 8′ 9″,4. L'équation totale ferait par conféquent — 12′ 36″,2. Ce qui nous apprend qu'il eut fallu retrancher 12′ 36″ du tems vrai donné, pour le convertir en tems moyen, avant d'entreprendre le calcul du lieu du foleil. Pour fuppléer à ce défaut, il eft clair qu'ayant calculé pour le tems vrai donné le lieu du foleil, on n'aurait qu'à en retrancher ce que le foleil fait en 12′ 36″ de tems, c'eft-à-dire, 31″

Si le tems propofé étant un tems moyen, comme dans notre exemple, on voulait le tems vrai qui lui répond, on conçoit qu'il faudrait appliquer au tems moyen donné, l'équation du tems avec un figne contraire à celui qu'elle a. Ainfi il faudrait ajoûter les 12′ 36″ au tems moyen de notre exemple, ce qui donnerait le 24 Novembre à 10 h. 57′ 29″ de tems vrai.

Comme les Tables Aſtronomiques ſont calculées pour le tems moyen, toutes les fois qu'on voudra s'en ſervir, il faudra, lorſque le tems donné eſt un tems vrai, le convertir en tems moyen.

Soit propoſé maintenant de trouver le lieu de la lune pour le même inſtant, c'eſt-à-dire pour le 24 Novembre 1768 à 10 h. 44′ 53″ de tems moyen.

On ajoûtera les longitudes moyennes de la lune, de ſon apogée & de ſon nœud pour 1768 (*page 159*) avec les mouvemens pour le mois d'Octobre (*même pag.*), pour 24 jours (*page 160*), & pour 10 h. 44′. 53″ (*page 161*), comme on le voit repréſenté ici.

Tems du Calcul.	Long. & mouv. de la Lune.	Long. & mouv. de l'Apogée.	Supplément du Nœud.
	Sig. D. M. S.	Sig. D. M. S.	Sig. D. M. S.
Pour 1768 Octobre.	2. 3. 5.23	6. 3.27.21	2. 7.51.40
	1.15.37.26	1. 3.52. 7	16. 5.53
24 j.	10.16.14. 1	2.40.26	1.16.15
10 h.	5.29.24	2.47	1.19
44′	24.13	12	6
53″	29		
	2.10.50.56	7.10. 2.53	2.25.15.13

On cherchera les dix petites équations ſuivantes.

ÉQUATION ANNUELLE. Avec l'anomalie moyenne du ſoleil 4ˢ 25° 23′ 52″, on trouvera (*page 162*) l'équation annuelle + 6′ 36″ qui eſt la premiere.

II.ᵉ ÉQUATION. Ayant retranché la longitude moyenne du ſoleil de celle de la lune, le reſte 6ˢ 7° 35′ 8″ ſera la diſtance moyenne de la lune au ſoleil. Le double de cette diſtance 0ˢ 15° 10′ augmenté de l'anomalie moyenne du ſoleil, forme l'argument de la ſeconde équation. Avec cet argument, qui eſt de 5ˢ 10° 34′, on trouvera (*page 163*) cette ſeconde équation de — 18″.

III.ᵉ ÉQUATION. Le double de la diſtance de la lune

au soleil moins l'anomalie moyenne du soleil, 7^r 19° 46', forme l'argument de la troisieme équation. Avec cet argument, on trouvera (*page 163*) — 48″ pour cette troisieme équation.

IV.ᵉ Équation. De la longitude moyenne de la lune on retranchera celle de son apogée; le reste 7^r 0° 48′ 3″ est l'anomalie moyenne de la lune. Cette anomalie retranchée de l'argument de la seconde équation, donne l'argument de la quatrieme équation, 10^r 9° 46′, avec lequel on trouvera (*page 164*) cette quatrieme équation de — 1′ 23″.

Vᵉ. Équation. L'argument de la troisieme équation moins l'anomalie moyenne de la lune, forme l'argument de la cinquieme équation. Avec cet argument, qui est de 0^r 18° 58′, on trouvera (*page 164*) + 24″ pour cette cinquieme équation.

VI.ᵉ Équation. La somme du double de la distance de la lune au soleil & de l'anomalie moyenne de la lune, 7^r 15° 58′, forme l'argument de la sixeme équation, avec lequel on trouvera (*page 165*) la sixeme équation de — 1′ 5″.

VII.ᵉ Équation. On ajoûtera la longitude moyenne de la lune avec le supplément du nœud, ce qui donne 5^r 6° 6′; le double moins l'anomalie moyenne de la lune, forme l'argument de la septieme équation. Cet argument est de 3^r 11° 24′. Avec cet argument, on cherchera (*page 165*) la septieme équation que l'on trouve de + 57″.

VIII.ᵉ Équation. L'anomalie moyenne du soleil moins celle de la lune, forme l'argument de la huitieme équation; avec cet argument, qui se trouve de 2^r 5° 24′, on aura (*page 166*) la huitieme équation + 37″.

IX.ᵉ Équation. La somme 10^r 28° 31′ de la longitude du soleil & du supplément du nœud, forme l'argument de la neuvieme équation, avec lequel on trouvrae (*page 166*) — 20″ pour cette neuvieme équation.

X.ᵉ Équation. De la distance de la lune au soleil ôtant l'anomalie moyenne de la lune, le reste 11^r 6° 47′ sera l'argument de la dixieme équation, que l'on trouvera (*page 167*) de — 2′ 38″.

On fera une somme des équations négatives & une autre des positives, & on appliquera la différence + 2′ 2″

de ces deux sommes à la longitude moyenne de la lune ; ce qui donnera la longitude de la lune corrigée 2ᶠ 10° 52' 58".

ÉQUATION *A.* On appliquera de même à l'anomalie moyenne de la lune, la même différence + 2' 2". On cherchera ensuite l'équation *A* (*page 168*), qui se prend avec l'anomalie moyenne du soleil, & que l'on trouve de − 5' 59", & on en appliquera le double − 11' 58", en changeant le signe, à l'anomalie moyenne de la lune déja corrigée, afin de la corriger entierement, & l'on aura l'anomalie corrigée 7ᶠ 1° 2' 3".

ÉQUATION DU CENTRE. Avec l'anomalie 7ᶠ 1°, on trouve (*page 169*) + 3° 27', pour l'équation du centre ; la partie proportionnelle aux 2' 3" est 12" qu'il faut ajoû-ter à 3° 27', parce que l'équation du centre va en croif-fant. L'équation du centre sera donc + 3° 27' 12".

ÉVECTION. Avant d'appliquer cette équation à la lon-gitude de la lune, il faudra chercher l'évection. Pour cela, on retranchera la longitude du soleil de la longitude de la lune corrigée par les dix premieres équations ; le reste 6ᶠ 7° 37' 10" sera la distance de la lune au soleil corri-gée. Du double de ce reste, on retranchera l'anomalie moyenne de la lune corrigée par les dix premieres équa-tions & par l'équation *A* ; ce qui restera 5ᶠ 14° 12' 17", est l'argument de l'évection, avec lequel on trouvera (*page 172*) − 22' 17" pour l'évection. Il faudra retrancher ces 22' 17" de la longitude de la lune corrigée 2ᶠ 10° 52' 58" ; mais comme il faut ajoûter en même tems à cette longitude l'équation du centre + 3° 27' 12", ainsi que l'indique son signe, on prendra la différence de cette équation & de l'évection, que l'on trouvera de 3° 4' 55" : on ajoû-tera seulement cette différence, & l'on aura la longitude de la lune *égalée* 2ᶠ 13° 57' 53".

VARIATION. Enfin, on cherchera la variation dont l'ar-gument est la longitude égalée de la lune moins la lon-gitude du soleil, & se trouve de 6ᶠ 10° 42' 5". Avec cet argument, on trouvera (*page 174*) + 15' 15" pour la variation. Ajoûtant cette variation à la longitude de la lune égalée, on aura la longitude vraie de la lune dans son orbite 2ᶠ 14° 13' 8".

LATITUDE. On retranchera du supplément du nœud

l'équation A, — 5′ 59″, on aura le supplément du nœud corrigé 2ˢ 25° 9′ 14″, lequel ajoûté à la longitude vraie de la lune dans son orbite, donnera l'argument vrai de la latitude 5ˢ 9° 22′ 24″, avec lequel on trouvera (*page 175*) la latitude 1° 48′ 46″ boréale.

II.ᵉ LATITUDE. On retranchera la longitude du soleil de la longitude vraie de la lune dans son orbite; du double du reste, 0ˢ 21° 54′ 40″, on retranchera l'argument vrai de la latitude 5ˢ 9° 22′ 24″, le reste 7ˢ 12° 32′ 16″ sera l'argument de la seconde latitude, avec lequel on trouvera (*page 176*) la seconde latitude 5′ 59″ australe. Il faut la retrancher de la premiere latitude, parce qu'elles sont d'une dénomination différente; & le reste 1° 42′ 47″ sera la latitude vraie de la lune. Si les latitudes étaient de même dénomination, c'est-à-dire, toutes deux boréales ou australes, il faudrait les ajoûter.

RÉDUCTION À L'ÉCLIPTIQUE. Avec l'argument vrai de la latitude 5ˢ 9° 22′ 24″, on trouvera (*page 176*), la réduction + 4′ 35″. On l'ajoûtera à la longitude vraie de la lune dans son orbite, & l'on aura 2ˢ 14° 17′ 43″ pour la longitude vraie de la lune, réduite à l'écliptique & comptée depuis l'équinoxe moyen.

PARALLAXE. Avec l'anomalie moyenne de la lune corrigée 7ˢ 1° 2′ 3″, on trouve (*page 177*) la parallaxe 59′ 54″, qu'il faut corriger au moyen des deux équations suivantes; avec l'argument de l'évection 5ˢ 14°, on trouve (*page 178*) la premiere + 36″; & avec l'argument de la variation 6ˢ 10° 42′, on trouve (*même page*) la seconde + 25″. Ajoûtant ces deux équations à la parallaxe, on aura la vraie parallaxe de 60′ 55″.

DIAMETRE. Suivant M.ʳ de la Lande, le diametre est à la parallaxe dans le rapport de 30′ à 54′ 56″; ainsi pour une parallaxe de 60′ 55″, le diametre de la lune est de 32′ 16″.

Table du mouvement & des inégalités du Soleil.

ANNÉES.	LONGITUDE DU SOLEIL.				LONGITUDE de l'Apogée.				OBLIQUITÉ de l'écliptique.		
	Sig.	D.	M.	S.	Sig.	D.	M.	S.	D.	M.	S.
1760.	9.	10.	34.	53.	3.	8.	48.	59.	23.	28.	15.
1765.	9.	10.	22.	24.	3.	8.	54.	26.	23.	28.	21.
1767.	9.	9.	53.	45.	3.	8.	56.	37.	23.	28.	18.
1768.	9.	10.	38.	34.	3.	8.	57.	43.	23.	28.	15.
1769.	9.	10.	24.	14.	3.	8.	58.	48.	23.	28.	11.
1770.	9.	10.	9.	54.	3.	8.	59.	54.	23.	28.	8.
1771.	9.	9.	55.	35.	3.	9.	0.	59.	23.	28.	4.
1772.	9.	10.	40.	24.	3.	9.	2.	5.	23.	28.	2.
1773.	9.	10.	26.	4.	3.	9.	3.	10.	23.	28.	0.
1774.	9.	10.	11.	45.	3.	9.	4.	16.	23.	28.	0.
1775.	9.	9.	57.	25.	3.	9.	5.	21.	23.	28.	0.
1776.	9.	10.	42.	14.	3.	9.	6.	27.	23.	28.	1.
1777.	9.	10.	27.	54.	3.	9.	7.	32.	23.	28.	3.
1778.	9.	10.	13.	35.	3.	9.	8.	38.	23.	28.	5.
1779.	9.	9.	59.	16.	3.	9.	9.	43.	23.	28.	8.
1780.	9.	10.	44.	4.	3.	9.	10.	49.	23.	28.	10.

MOIS complets.	MOUVEM. DU SOLEIL.				APOGÉE.		
	Sig.	D.	M.	S.	M.	S.	
Janvier.	1.	0.	33.	18.	0.	6.	
Février.	1.	28.	9.	12.	0.	11.	
Mars.	2.	28.	42.	30.	0.	16.	
Avril.	3.	28.	16.	40.	0.	22.	
Mai.	4.	28.	49.	58.	0.	27.	
Juin.	5.	28.	24.	8.	0.	32.	
Juillet.	6.	28.	57.	26.	0.	38.	
Août.	7.	29.	30.	44.	0.	44.	
Septemb.	8.	29.	4.	54.	0.	49.	
Octobre.	9.	29.	38.	12.	0.	55.	
Novemb.	10.	29.	12.	22.	1.	0.	
Décemb.	11.	29.	45.	41.	1.	5.	

Dans les années bissextiles, on retranche un jour de la date proposée, si c'est dans les mois de Janvier & de Février.

Mouvement pour les Jours du Mois.

Jours.	Mouvem. du Soleil.		Apog.	Jours.	Mouvem. du Soleil.		Apog.
	D. M. S.		Sec.		D. M. S.		Sec.
1	0. 59. 8,3		0,2	16	15. 46. 13,3		2,9
2	1. 58. 16,7		0,4	17	16. 45. 21,6		3,0
3	2. 57. 25,0		0,5	18	17. 44. 29,9		3,2
4	3. 56. 33,3		0,7	19	18. 43. 38,3		3,4
5	4. 55. 41,6		0,9	20	19. 42. 46,6		3,6
6	5. 54. 50,0		1,1	21	20. 41. 54,9		3,8
7	6. 53. 58,3		1,3	22	21. 41. 3,3		3,9
8	7. 53. 6,6		1,4	23	22. 40. 11,6		4,1
9	8. 52. 15,0		1,6	24	23. 39. 19,9		4,3
10	9. 51. 23,3		1,8	25	24. 38. 28,2		4,5
11	10. 50. 31,6		2,0	26	25. 37. 36,6		4,7
12	11. 49. 40,0		2,2	27	26. 36. 44,9		4,8
13	12. 48. 48,3		2,3	28	27. 35. 53,2		5,0
14	13. 47. 56,6		2,5	29	28. 35. 1,6		5,2
15	14. 47. 5,0		2,7	30	29. 34. 9,9		5,4
				31	30. 33. 18,2		5,6

Mouvement du Soleil pour les Heures.

Heures.	Mouv. du Soleil.		Heures.	Mouv. du Soleil.	
	M.	s.		M.	s.
1	2.	27,8	13	32.	2,0
2	4.	55,7	14	34.	29,9
3	7.	23,5	15	36.	57,7
4	9.	51,4	16	39.	25,5
5	12.	19,2	17	41.	53,4
6	14.	47,1	18	44.	21,2
7	17.	14,9	19	46.	49,1
8	19.	42,8	20	49.	16,9
9	22.	10,6	21	51.	44,8
10	24.	38,5	22	54	12,6
11	27.	6,3	23	56.	40,5
12	29.	34,2	24	59.	8,3

Mouvement du Soleil pour les Minutes & Secondes.

MINUTES.   SECONDES.

Mi.	Mouv. du Sol.	Mi.	Mouv. du Sol.	sec.	Mouv. du Sol.	sec.	Mouv. du Sol.
	M. S.		M. S.		S.		S.
1	0. 2,5	31	1. 16,4	1	0,0	31	1,3
2	0. 4,9	32	1. 18,8	2	0,1	32	1,3
3	0. 7,4	33	1. 21,3	3	0,1	33	1,4
4	0. 9,9	34	1. 23,8	4	0,2	34	1,4
5	0. 12,3	35	1. 26,2	5	0,2	35	1,4
6	0. 14,8	36	1. 28,7	6	0,2	36	1,5
7	0. 17,2	37	1. 31,2	7	0,3	37	1,5
8	0. 19,7	38	1. 33,6	8	0,3	38	1,6
9	0. 22,2	39	1. 36,1	9	0,4	39	1,6
10	0. 24,6	40	1. 38,6	10	0,4	40	1,6
11	0. 27,1	41	1. 41,0	11	0,4	41	1,7
12	0. 29,6	42	1. 43,5	12	0,5	42	1,7
13	0. 32,0	43	1. 46,0	13	0,5	43	1,8
14	0. 34,5	44	1. 48,4	16	0,6	44	1,8
15	0. 37,0	45	1. 50,9	15	0,6	45	1,8
16	0. 39,4	46	1. 53,3	16	0,7	46	1,9
17	0. 41,9	47	1. 55,8	17	0,7	47	1,9
18	0. 44,4	48	1. 58,3	18	0,7	48	2,0
19	0. 46,8	49	2. 0,7	19	0,8	49	2,0
20	0. 49,3	50	2. 3,2	20	0,8	50	2,1
21	0. 51,7	51	2. 5,7	21	0,9	51	2,1
22	0. 54,2	52	2. 8,1	22	0,9	52	2,1
23	0. 56,7	53	2. 10,6	23	0,9	53	2,2
24	0. 59,1	54	2. 13,1	24	1,0	54	2,2
25	1. 1,6	55	2. 15,5	25	1,0	55	2,3
26	1. 4,1	56	2. 18,0	26	1,1	56	2,3
27	1. 6,5	57	2. 20,4	27	1,1	57	2,3
28	1. 9,0	58	2. 22,9	28	1,1	58	2,4
29	1. 11,5	59	2. 25,4	29	1,2	59	2,4
30	1. 13,9	60	2. 27,8	30	1,2	60	2,5

TABLE DE L'ÉQUATION DU CENTRE DU SOLEIL.

ANOMALIE MOYENNE DU SOLEIL.

	0 —	Diff.	1 —	Diff.	II —	Diff.	
	D. M. S.	M. S.	D. M. S.	M. S.	D. M. S.	M. S.	
0	0. 0. 0	1. 59	0. 56. 43	1. 44	1. 38. 59	1. 1	30
1	0. 1. 59	1. 58	0. 58. 27	1. 42	1. 40. 0	0. 59	29
2	0. 3. 57	1. 58	1. 0. 9	1. 40	1. 40. 59	0. 58	28
3	0. 5. 55	1. 59	1. 1. 49	1. 40	1. 41. 57	0. 55	27
4	0. 7. 54	1. 58	1. 3. 29	1. 39	1. 42. 52	0. 54	26
5	0. 9. 52	1. 58	1. 5. 8	1. 38	1. 43. 46	0. 51	25
6	0. 11. 50	1. 57	1. 6. 46	1. 36	1. 44. 37	0. 50	24
7	0. 13. 47	1. 58	1. 8. 22	1. 35	1. 45. 27	0. 48	23
8	0. 15. 45	1. 57	1. 9. 57	1. 35	1. 46. 15	0. 47	22
9	0. 17. 42	1. 57	1. 11. 32	1. 33	1. 47. 2	0. 44	21
10	0. 19. 39	1. 57	1. 13. 5	1. 31	1. 47. 46	0. 42	20
11	0. 21. 36	1. 56	1. 14. 36	1. 30	1. 48. 28	0. 40	19
12	0. 23. 32	1. 56	1. 16. 6	1. 29	1. 49. 8	0. 39	18
13	0. 25. 28	1. 55	1. 17. 35	1. 28	1. 49. 47	0. 36	17
14	0. 27. 23	1. 55	1. 19. 3	1. 26	1. 50. 23	0. 35	16
15	0. 29. 18	1. 55	1. 20. 29	1. 25	1. 50. 58	0. 32	15
16	0. 31. 13	1. 54	1. 21. 54	1. 23	1. 51. 30	0. 31	14
17	0. 33. 7	1. 53	1. 23. 17	1. 22	1. 52. 1	0. 28	13
18	0. 35. 0	1. 53	1. 24. 39	1. 21	1. 52. 29	0. 27	12
19	0. 36. 53	1. 52	1. 26. 0	1. 18	1. 52. 56	0. 24	11
20	0. 38. 45	1. 51	0. 27. 18	1. 18	1. 53. 20	0. 22	10
21	0. 40. 36	1. 51	1. 28. 36	1. 16	1. 53. 42	0. 21	9
22	0. 42. 27	1. 50	1. 29. 52	1. 14	1. 54. 3	0. 18	8
23	0. 44. 17	1. 49	1. 31. 6	1. 12	1. 54. 21	0. 16	7
24	0. 46. 6	1. 48	1. 32. 18	1. 11	1. 54. 37	0. 14	6
25	0. 47. 54	1. 48	1. 33. 29	1. 10	1. 54. 51	0. 12	5
26	0. 49. 42	1. 47	1. 34. 39	1. 8	1. 55. 3	0. 10	4
27	0. 51. 29	1. 46	1. 35. 47	1. 6	1. 55. 13	0. 8	3
28	0. 53. 15	1. 45	1. 36. 53	1. 4	1. 55. 21	0. 5	2
29	0. 55. 0	1. 45	1. 37. 57	1. 3	1. 55. 26	0. 4	1
30	0. 56. 44		1. 39. 0		1. 55. 30		0
	XI +		X +		IX +		

TABLE DE L'ÉQUATION DU CENTRE DU SOLEIL.

TABLE DE L'ÉQUATION DU CENTRE DU SOLEIL.

ANOMALIE MOYENNE DU SOLEIL.

	III —	Diff.	IV —	Diff.	V —	Diff.	
	D. M. S.	M. S.	D. M. S.	M. S.	D. M. S.	M. S.	
0	1. 55. 30		1. 41. 6		0. 58. 50		30
1	1. 55. 32	0. 2	1. 40. 5	I. 1	0. 57. 3	I. 47	29
2	1. 55. 31	0. 1	1. 39. 3	I. 2	0. 55. 15	I. 48	28
3	1. 55. 28	0. 3	1. 38. 0	I. 3	0. 53. 27	I. 48	27
4	1. 55. 23	0. 5	1. 36. 54	I. 6	0. 51. 37	I. 50	26
5	1. 55. 17	0. 6	1. 35. 46	I. 8	0. 49. 46	I. 51	25
6	1. 55. 8	0. 9	1. 34. 37	I. 9	0. 47. 54	I. 52	24
7	1. 54. 56	0. 12	1. 33. 26	I. 11	0. 46. 2	I. 52	23
8	1. 54. 43	0. 13	1. 32. 13	I. 13	0. 44. 8	I. 54	22
9	1. 54. 27	0. 16	1. 30. 58	I. 15	0. 42. 13	I. 55	21
10	1. 54. 10	0. 17	1. 29. 42	I. 16	0. 40. 18	I. 55	20
11	1. 53. 50	0. 20	1. 28. 24	I. 18	0. 38. 22	I. 56	19
12	1. 53. 28	0. 22	1. 27. 4	I. 20	0. 36. 25	I. 57	18
13	1. 53. 4	0. 24	1. 25. 42	I. 22	0. 34. 28	I. 57	17
14	1. 52. 39	0. 25	1. 24. 19	I. 23	0. 32. 30	I. 58	16
15	1. 52. 11	0. 28	1. 22. 55	I. 24	0. 30. 31	I. 59	15
16	1. 51. 40	0. 31	1. 21. 28	I. 26	0. 28. 32	I. 59	14
17	1. 51. 8	0. 32	1. 20. 0	I. 28	0. 26. 32	2. 0	13
18	1. 50. 34	0. 34	1. 18. 31	I. 29	0. 24. 31	2. 1	12
19	1. 49. 58	0. 36	1. 17. 0	I. 31	0. 22. 30	2. 1	11
20	1. 49. 19	0. 39	1. 15. 28	I. 32	0. 20. 29	2. 1	10
21	1. 48. 39	0. 40	1. 13. 54	I. 34	0. 18. 27	2. 3	9
22	1. 47. 56	0. 43	1. 12. 19	I. 35	0. 16. 25	2. 2	8
23	1. 47. 12	0. 44	1. 10. 42	I. 37	0. 14. 23	2. 2	7
24	1. 46. 25	0. 47	1. 9. 4	I. 38	0. 12. 20	2. 3	6
25	1. 45. 37	0. 48	1. 7. 25	I. 39	0. 10. 17	2. 3	5
26	1. 44. 47	0. 50	1. 5. 44	I. 41	0. 8. 14	2. 3	4
27	1. 43. 54	0. 53	1. 4. 2	I. 42	0. 6. 11	2. 3	3
28	1. 43. 0	0. 54	1. 2. 19	I. 43	0. 4. 7	2. 4	2
29	1. 42. 4	0. 56	1. 0. 35	I. 44	0. 2. 4	2. 3	1
30	1. 41. 6	0. 58	0. 58. 50	I. 45	0. 0. 0	2. 4	0
	VIII +		VII +		VI +		

Table de la premiere partie de l'équation du tems.

ARGUMENT. ANOMAL. MOYEN. DU SOLEIL.

Otez du tems vrai. D.	O M.	O s.	Diff. S.	I. M.	I. s.	Diff. S.	II. M.	II. s.	Diff. S.	Otez du tems vrai. D.
0	0	0,0		3	46,9		6	35,9		30
1	0	7,9	7,9	3	53,7	6,8	6	39,9	4,0	29
2	0	15,8	7,9	4	0,5	6,8	6	43,9	4,0	28
3	0	23,7	7,9	4	7,2	6,7	6	47,7	3,8	27
4	0	31,6	7,9	4	13,8	6,6	6	51,4	3,7	26
5	0	39,4	7,8	4	20,4	6,6	6	55,0	3,6	25
6	0	47,2	7,8	4	26,9	6,5	6	58,4	3,4	24
7	0	55,1	7,9	4	33,4	6,5	7	1,7	3,3	23
8	1	2,9	7,8	4	39,8	6,4	7	4,9	3,2	22
9	1	10,7	7,8	4	46,0	6,2	7	8,0	3,1	21
10	1	18,5	7,8	4	52,2	6,2	7	11,0	3,0	20
11	1	26,3	7,8	4	58,3	6,1	7	13,8	2,8	19
12	1	34,1	7,8	5	4,3	6,0	7	16,5	2,7	18
13	1	41,8	7,7	5	10,2	5,9	7	19,0	2,5	17
14	1	49,5	7,7	5	16,0	5,8	7	21,4	2,4	16
15	1	57,1	7,6	5	21,7	5,7	7	23,7	2,3	15
16	2	4,7	7,6	5	27,3	5,6	7	25,9	2,2	14
17	2	12,3	7,6	5	32,9	5,6	7	27,9	2,0	13
18	2	19,9	7,6	5	38,5	5,6	7	29,9	2,0	12
19	2	27,4	7,5	5	43,9	5,4	7	31,7	1,8	11
20	2	35,0	7,6	5	49,2	5,3	7	33,3	1,6	10
21	2	42,4	7,4	5	54,3	5,1	7	34,7	1,4	9
22	2	49,7	7,3	5	59,3	5,0	7	36,0	1,3	8
23	2	57,0	7,3	6	4,3	5,0	7	37,2	1,2	7
24	3	4,3	7,3	6	9,1	4,8	7	38,3	1,1	6
25	3	11,5	7,2	6	13,8	4,7	7	39,3	1,0	5
26	3	18,7	7,2	6	18,4	4,6	7	40,2	0,9	4
27	3	25,8	7,1	6	22,9	4,5	7	40,9	0,7	3
28	3	32,9	7,1	6	27,3	4,4	7	41,4	0,5	2
29	3	39,9	7,0	6	31,7	4,4	7	41,8	0,4	1
30	3	46,9	7,0	6	35,9	4,2	7	42,0	0,2	0
ajoûtez.	XI.			X.			XI.			ajoûtez.

Table de la premiere partie de l'équation du tems.

ARGUMENT. ANOMAL. MOYEN. DU SOLEIL.

Otez du tems vrai.	III.	Diff.	IV.	Diff.	V.	Diff.	Otez du tems vrai.
D.	M. S.	S.	M. S.	S.	M. S.	S.	D.
0	7 42,0	0,1	6 44,4	4,1	3 55,2	7,1	30
1	7 42,1	0,1	6 40,3	4,2	3 48,1	7,2	29
2	7 42,0	0,2	6 36,1	4,3	3 40,9	7,2	28
3	7 41,8	0,3	6 31,8	4,4	3 33,7	7,3	27
4	7 41,5	0,5	6 27,4	4,5	3 26,4	7,4	26
5	7 41,0	0,6	6 22,9	4,6	3 19,0	7,5	25
6	7 40,4	0,7	6 18,3	4,7	3 11,5	7,5	24
7	7 39,7	0,9	6 13,6	4,9	3 4,0	7,6	23
8	7 38,8	1,0	6 8,7	4,9	2 56,4	7,6	22
9	7 37,8	1,2	6 3,8	5,1	2 48,8	7,6	21
10	7 36,6	1,3	5 58,7	5,2	2 41,2	7,7	20
11	7 35,3	1,5	5 53,5	5,3	2 33,5	7,9	19
12	7 33,8	1,6	5 48,2	5,4	2 25,6	7,8	18
13	7 32,2	1,7	5 42,8	5,6	2 17,8	7,9	17
14	7 30,5	1,8	5 37,2	5,7	2 9,9	7,9	16
15	7 28,7	2,0	5 31,5	5,8	2 2,0	7,9	15
16	7 26,7	2,1	5 25,7	5,8	1 54,1	8,0	14
17	7 24,6	2,3	5 19,9	5,9	1 46,1	8,0	13
18	7 22,3	2,5	5 14,0	6,0	1 38,1	8,0	12
19	7 19,8	2,6	5 8,0	6,3	1 30,1	8,1	11
20	7 17,2	2,8	5 1,7	6,2	1 22,0	8,2	10
21	7 14,4	2,8	4 55,5	6,3	1 13,8	8,1	9
22	7 11,6	2,9	4 49,2	6,4	1 5,7	8,2	8
23	7 8,7	3,1	4 42,8	6,6	0 57,5	8,2	7
24	7 5,6	3,2	4 36,2	6,7	0 49,3	8,2	6
25	7 2,4	3,3	4 29,5	6,7	0 41,1	8,3	5
26	6 59,1	3,5	4 22,8	6,8	0 32,8	8,2	4
27	6 55,6	3,6	4 16,0	6,9	0 14,6	8,2	3
28	6 52,0	3,7	4 9,1	6,9	0 16,4	8,2	2
29	6 48,3	3,9	4 2,2	7,0	0 8,2	8,2	1
30	6 44,4		3 55,2		0 0,0		0
ajoûtez.	VIII.		VII.		VI.		ajoûtez.

Table de la seconde partie de l'équation du tems.

ARGUMENT. LONGITUDE VRAIE DU SOLEIL.

Otez du tems vrai. D.	O. VI. M.	S.	Diff. S.	I. VII. M.	S.	Diff. S.	II. VIII. M.	S.	Diff. S.	Otez du tems vrai. D.
0	0	0,0		8	22,8		8	45,0		30
1	0	19,8	19,8	8	33,3	10,5	8	34,8	10,2	29
2	0	39,7	19,9	8	43,3	10,0	8	23,9	10,9	28
3	0	59,5	19,8	8	52,5	9,2	8	12,4	11,5	27
4	1	19,2	19,7	8	1,2	8,7	8	0,3	12,1	26
5	1	38,8	19,6	9	9,2	8,0	7	47,5	12,8	25
6	1	58,3	19,5	9	16,6	7,4	7	34,0	13,5	24
7	2	17,7	19,4	9	23,3	6,7	7	19,8	14,2	23
8	2	37,0	19,3	9	29,4	6,1	7	5,3	14,5	22
9	2	56,1	19,1	9	34,8	5,4	6	50,0	15,3	21
10	3	15,0	18,9	9	39,7	4,9	6	34,3	15,7	20
11	3	33,7	18,7	9	43,8	4,1	6	18,1	16,2	19
12	3	52,2	18,5	9	47,1	3,3	6	1,2	16,9	18
13	4	10,4	18,2	9	49,8	2,7	5	44,1	17,1	17
14	4	28,2	17,8	9	51,8	2,0	5	26,3	17,8	16
15	4	45,9	17,7	9	53,1	1,3	5	8,1	18,2	15
16	5	3,2	17,3	9	53,7	0,6	4	49,5	18,6	14
17	5	20,2	17,0	9	53,5	0,2	4	30,5	19,0	23
18	5	37,0	16,8	9	52,5	1,0	4	11,2	19,3	11
19	5	53,1	16,1	9	50,8	1,7	3	51,5	19,7	11
20	6	9,1	16,0	9	48,4	2,4	3	31,5	20,0	10
21	6	24,6	15,5	9	45,3	3,1	3	11,2	20,3	9
22	6	39,7	15,1	9	41,5	3,8	2	50,6	20,6	8
23	6	54,3	14,6	9	37,0	4,5	2	29,8	20,8	7
24	7	8,5	14,2	9	31,7	5,3	2	8,7	21,1	6
25	7	22,2	13,7	9	25,6	6,1	1	47,5	21,2	5
26	7	35,5	13,3	9	18,9	6,7	1	26,2	21,3	4
27	7	48,1	12,6	9	11,5	7,4	1	4,7	21,5	3
28	8	0,2	12,1	9	3,4	8,1	0	43,2	21,5	2
29	8	11,8	11,6	8	54,5	8,9	0	21,6	21,6	1
30	8	22,8	11,0	8	45,0	9,5	0	0,0	21,6	0
ajoûtez. XI. V				X. IV.			IX. III.			ajoûtez.

TABLES DE LA LUNE.

ANNÉES.	Long. de la Lu.	Lon. de l'apog.	Sup. du nœud.
	Sig. D. M. S.	*Sig. D. M. S.*	*Sig. D. M. S.*
1760.	2. 21. 39. 36	7. 7. 55. 15	9. 3. 7. 34
1765.	0. 21. 45. 34	2. 1. 21. 8	0. 9. 49. 20
1767.	9. 10. 31. 44	4. 22. 40. 49	1. 18. 28. 46
1768.	2. 3. 5. 23	6. 3. 27. 21	2. 7. 51. 40
1769.	6. 12. 28. 28	7. 14. 7. 11	2. 27. 11. 23
1770.	10. 21. 51. 32	8. 24. 47. 2	3. 16. 31. 6
1771.	3. 1. 14. 37	10. 5. 26. 52	4. 5. 50. 49
1772.	7. 23. 48. 17	11. 16. 13. 24	4. 25. 13. 43
1773.	0. 3. 11. 21	0. 26. 53. 14	5. 14. 33. 26
1774.	4. 12. 34. 26	2. 7. 33. 5	6. 3. 53. 9
1775.	8. 21. 57. 31	3. 18. 12. 55	6. 23. 12. 52
1776.	1. 14. 31. 10	4. 28. 59. 27	7. 12. 35. 46
1777.	5. 23. 54. 15	6. 9. 39. 17	8. 1. 55. 29
1778.	10. 3. 17. 20	7. 20. 19. 8	8. 21. 15. 12
1779.	2. 12. 40. 24	9. 0. 58. 58	9. 10. 34. 55
1780.	7. 5. 14. 4	10. 11. 45. 30	9. 29. 57. 49

MOIS.	Mouv. de la L.	Mou. de l'apo.	Mou. du nœu.
Janvier.	1. 18. 28. 6	0. 3. 27. 13	0. 1. 38. 30
Février.	1. 27. 24. 26	0. 6. 34. 23	0. 3. 7. 28
Mars.	3. 15. 52. 32	0. 10. 1. 37	0. 4. 45. 57
Avril.	4. 21. 10. 2	0. 13. 22. 9	0. 6. 21. 17
Mai.	6. 9. 38. 8	0. 16. 49. 22	0. 7. 59. 47
Juin.	7. 14. 55. 39	0. 20. 9. 55	0. 9. 35. 6
Juillet.	9. 3. 23. 44	0. 23. 37. 8	0. 11. 13. 35
Août.	10. 21. 51. 50	0. 27. 4. 21	0. 12. 52. 5
Septem.	11. 27. 9. 21	1. 0. 24. 53	0. 14. 27. 24
Octob.	1. 15. 37. 26	1. 3. 52. 7	0. 16. 5. 53
Novem.	2. 20. 54. 57	1. 7. 12. 39	0. 17. 41. 12
Décem.	4. 9. 23. 4	1. 10. 39. 52	0. 19. 19. 43

Dans les années bissextiles, on retranche un jour de la date proposée, si c'est dans les mois de Janvier ou de Février.

MOUVEMENT DE LA LUNE
POUR LES JOURS DU MOIS.

Jours.	Mouv. de la Lune.				Mou. de l'apo.			Mou. du Nœu.		
	Sig.	D.	M.	S.	D.	M.	S.	D.	M.	S.
1.	0.	13.	10.	35	0.	6.	41	0.	3.	11
2.	0.	26.	21.	10	0.	13.	22	0.	6.	21
3.	1.	9.	31.	45	0.	20.	3	0.	9.	32
4.	1.	22.	42.	20	0.	26.	44	0.	12.	43
5.	2.	5.	52.	55	0.	33.	25	0.	15.	53
6.	2.	19.	3.	30	0.	40.	6	0.	19.	4
7.	3.	2.	14.	5	0.	46.	48	0.	22.	14
8.	3.	15.	24.	40	0.	53.	29	0.	25.	25
9.	3.	28.	35.	15	1.	0.	10	0.	28.	36
10.	4.	11.	45.	50	1.	6.	51	0.	31.	46
11.	4.	24.	56.	25	1.	13.	32	0.	34.	57
12.	5.	8.	7.	0	1.	20.	13	0.	38.	8.
13.	5.	21.	17.	35	1.	26.	54	0.	41.	18
14.	6.	4.	28.	10	1.	33.	35	0.	44.	29
15.	6.	17.	38.	45	1.	40.	16	0.	47.	40
16.	7.	0.	49.	20	1.	46.	57	0.	50.	50
17.	7.	13.	59.	55	1.	53.	38	0.	54.	1
18.	7.	27.	10.	30	2.	0.	19	0.	57.	11
19.	8.	10.	21.	0	2.	7.	0	1.	0.	22
20.	8.	23.	31.	40	2.	13.	41	1.	3.	33
21.	9.	6.	42.	15	2.	20.	23	1.	6.	43
22.	9.	19.	52.	50	2.	27.	4	1.	9.	54
23.	10.	3.	3.	26	2.	33.	45	1.	13.	5
24.	10.	16.	14.	1	2.	40.	26	1.	16.	15
25.	10.	29.	24.	36	2.	47.	7	1.	19.	26
26.	11.	12.	35.	11	2.	53.	48	1.	22.	37
27.	11.	25.	45.	46	3.	0.	29	1.	25.	47
28.	0.	8.	56.	21	3.	7.	10	1.	28.	58
29.	0.	22.	6.	56	3.	13.	51	1.	32.	9
30.	1.	5.	17.	31	3.	20.	32	1.	35.	19
31.	1.	18.	28.	6	3.	27.	13	1.	38.	30

MOUVEMENT DE LA LUNE pour les heures, min. & secondes.

Heur. / Min. / Sec.	D. M. S. / M. S. / S.	M. S. / S.	M. S. / S.
1.	0. 32. 56	0. 17	0. 8
2.	1. 5. 53	0. 33	0. 16
3.	1. 38. 49	0. 50	0. 24
4.	2. 11. 46	1. 7	0. 32
5.	2. 44. 42	1. 24	0. 40
6.	3. 17. 39	1. 40	0. 48
7.	3. 50. 35	1. 57	0. 56
8.	4. 23. 32	2. 14	1. 4
9.	4. 56. 28	2. 30	1. 12
10.	5. 29. 24	2. 47	1. 19
11.	6. 2. 21	3. 4	1. 27
12.	6. 35. 18	3. 20	1. 35
13.	7. 8. 14	3. 37	1. 43
14.	7. 41. 10	3. 54	1. 51
15.	8. 14. 7	4. 11	1. 59
16.	8. 47. 3	4. 27	2. 7
17.	9. 20. 0	4. 44	2. 15
18.	9. 52. 56	5. 1	2. 23
19.	10. 25. 53	5. 18	2. 31
20.	10. 58. 49	5. 34	2. 39
21.	11. 31. 46	5. 51	2. 47
22.	12. 4. 42	6. 8	2. 55
23.	12. 37. 39	6. 24	3. 3
24.	13. 10. 35	6. 41	3. 11
30.	16. 28.	8.	4.
35.	19. 13.	9.	4.
40.	21. 58.	11.	5.
45.	24. 42.	13.	6.
50.	27. 27.	14.	7.
55.	30. 12.	15.	7.
60.	32. 56.	17.	8.

ÉQUATION sécul. qu'il faut ajoûter à la longit. moyenne.

ANNÉES.	M. S.
avant J.C.	
800.	69. 48
700.	64. 19
600.	59. 4
500.	54. 3
400.	49. 15
300.	44. 40
200.	40. 19
100.	36. 11
0.	32. 16
après J.C.	
100.	28. 35
200.	25. 7
300.	21. 53
400.	18. 52
500.	16. 5
600.	13. 31
700.	11. 10
800.	9. 3
900.	7. 9
1000.	5. 28
1100.	4. 1
1200.	2. 48
1300.	1. 47
1400.	1. 0
1500.	0. 27
1600.	0. 7
1650.	0. 2
1700.	0. 0
1750.	0. 2
1800.	0. 7
1850.	0. 15

L

I. ÉQUATION ANNUELLE.

ANOMALIE MOYENNE DU SOLEIL.

+	O.	I.	II.	III.	IV.	V.	
D.	M. S.	M. S.	M. S.	M. S.	M. S.	M. S.	D.
1	0. 12	5. 41	9. 46	11. 20	9. 52	5. 39	29
2	0. 24	5. 51	9. 52	11. 20	9. 46	5. 28	28
3	0. 35	6. 1	9. 58	11. 20	9. 39	5. 17	27
4	0. 47	6. 11	10. 3	11. 19	9. 33	5. 6	26
5	0. 58	6. 21	10. 9	11. 19	9. 26	4. 55	25
6	1. 10	6. 30	10. 14	11. 18	9. 19	4. 44	24
7	1. 21	6. 40	10. 19	11. 17	9. 12	4. 33	23
8	1. 33	6. 49	10. 24	11. 16	9. 5	4. 22	22
9	1. 44	6. 58	10. 29	11. 15	8. 58	4. 11	21
10	1. 55	7. 7	10. 33	11. 13	8. 51	3. 59	20
11	2. 7	7. 16	10. 37	11. 11	8. 43	3. 48	19
12	2. 18	7. 25	10. 41	11. 9	8. 35	3. 36	18
13	2. 29	7. 34	10. 45	11. 7	8. 27	3. 25	17
14	2. 40	7. 42	10. 49	11. 5	8. 19	3. 13	16
15	2. 51	7. 51	10. 52	11. 2	8. 11	3. 1	15
16	3. 2	7. 59	10. 55	10. 59	8. 3	2. 50	14
17	3. 13	8. 7	10. 58	10. 56	7. 54	2. 38	13
18	3. 24	8. 15	11. 1	10. 52	7. 45	2. 26	12
19	3. 35	8. 23	11. 3	10. 49	7. 36	2. 14	11
20	3. 46	8. 31	11. 6	10. 45	7. 27	2. 2	10
21	3. 57	8. 39	11. 8	10. 41	7. 18	1. 50	9
22	4. 8	8. 46	11. 10	10. 37	7. 9	1. 38	8
23	4. 18	8. 54	11. 12	10. 33	7. 0	1. 26	7
24	4. 29	9. 1	11. 14	10. 29	6. 50	1. 14	6
25	4. 40	9. 8	11. 16	10. 24	6. 40	1. 1	5
26	4. 50	9. 15	11. 17	10. 19	6. 30	0. 49	4
27	5. 0	9. 21	11. 18	10. 14	6. 20	0. 37	3
28	5. 11	9. 28	11. 19	10. 9	6. 9	0. 25	2
29	5. 21	9. 34	11. 20	10. 4	5. 59	0. 13	1
30	5. 31	9. 40	11. 20	9. 58	5. 49	0. 0	0
−	XI.	X.	IX.	VIII.	VII.	VI.	

II. Double distance de la Lu. au Sol. + an. moy. du Sol. — **III. Double dist. de la Lun. au Soleil — an. du Soleil.**

− / +	O. VI.	I. VII.	II. VIII.		− / +	O. VI.	I. VII.	II. VIII.	
D.	Sec.	Sec.	Sec.	D.	D.	Sec.	Sec.	Sec.	D.
1	1.	28.	47.	29	1	1.	32.	54.	29
2	2.	29.	48.	28	2	2.	33.	55.	28
3	3.	29.	48.	27	3	3.	34.	55.	27
4	4.	30.	49.	26	4	4.	35.	56.	26
5	5.	31.	49.	25	5	6.	36.	56.	25
6	6.	31.	50.	24	6	7.	37.	56.	24
7	7.	32.	50.	23	7	8.	38.	57.	23
8	8.	33.	50.	22	8	9.	38.	57.	22
9	9.	34.	51.	21	9	10.	39.	58.	21
10	10.	34.	51.	20	10	11.	40.	58.	20
11	11.	35.	51.	19	11	12.	41.	58.	19
12	12.	36.	52.	18	12	13.	42.	59.	18
13	13.	37.	52.	17	13	14.	42.	59.	17
14	13.	37.	52.	16	14	15.	43.	60.	16
15	14.	38.	52.	15	15	16.	44.	60.	15
16	15.	39.	52.	14	16	17.	45.	60.	14
17	16.	39.	53.	13	17	18.	45.	60.	13
18	17.	40.	53.	12	18	19.	46.	61.	12
19	18.	41.	53.	11	19	20.	47.	61.	11
20	19.	41.	53.	10	20	21.	48.	61.	10
21	19.	42.	53.	9	21	22.	48.	61.	9
22	20.	42.	53.	8	22	23.	49.	61.	8
23	21.	43.	53.	7	23	24.	50.	61.	7
24	22.	44.	54.	6	24	25.	50.	62.	6
25	23.	44.	54.	5	25	26.	51.	62.	5
26	23.	45.	54.	4	26	27.	51.	62.	4
27	24.	45.	54.	3	27	28.	52.	62.	3
28	25.	46.	54.	2	28	29.	52.	62.	2
29	26.	46.	54.	1	29	30.	53.	62.	1
30	27.	47.	54.	0	30	31.	54.	62.	0
	XI. V.	X. IV.	IX. III.	+ / −		XI. V.	X. IV.	IX. III.	+ / −

II. Double distance de la Lu. au Sol. + an. moy. du Sol. — **III. Double dist. de la Lun. au Soleil — an. du Soleil.**

IV. Arg. II. — an. moy. de la Lune.

+ / − D.	O. VI. sec.	I. VII. M. S.	II. VIII. M. S.	D.
1	2.	0. 56	1. 35	29
2	4.	0. 57	1. 36	28
3	6.	0. 59	1. 37	27
4	8.	1. 0	1. 38	26
5	10.	1. 2	1. 39	25
6	12.	1. 3	1. 39	24
7	13.	1. 5	1. 40	23
8	15.	1. 6	1. 41	22
9	17.	1. 8	1. 41	21
10	19.	1. 9	1. 42	20
11	21.	1. 10	1. 42	19
12	23.	1. 12	1. 43	18
13	24.	1. 13	1. 44	17
14	26.	1. 15	1. 44	16
15	28.	1. 16	1. 45	15
16	30.	1. 18	1. 45	14
17	32.	1. 19	1. 46	13
18	33.	1. 20	1. 46	12
19	35.	1. 22	1. 46	11
20	37.	1. 23	1. 47	10
21	39.	1. 24	1. 47	9
22	41.	1. 26	1. 47	8
23	42.	1. 27	1. 47	7
24	44.	1. 28	1. 47	6
25	46.	1. 29	1. 48	5
26	48.	1. 30	1. 48	4
27	49.	1. 31	1. 48	3
28	51.	1. 32	1. 48	2
29	52.	1. 33	1. 48	1
30	54.	1. 33	1. 48	0
	XI.	X.	IX.	—
	V.	IV.	III.	+

V. Arg. III. — anom. moy. de la Lune.

+ / − D.	O. VI. sec.	I. VII. sec.	II. VIII. M. S.	D.
1	1.	37.	1. 3	29
2	2.	38.	1. 3	28
3	4.	39.	1. 4	27
4	5.	40.	1. 4	26
5	6.	41.	1. 5	25
6	8.	42.	1. 5	24
7	9.	43.	1. 6	23
8	10.	44.	1. 6	22
9	12.	45.	1. 7	21
10	13.	46.	1. 7	20
11	14.	47.	1. 8	19
12	16.	48.	1. 8	18
13	17.	49.	1. 9	17
14	18.	50.	1. 9	16
15	19.	51.	1. 10	15
16	20.	52.	1. 10	14
17	22.	52.	1. 10	13
18	23.	53.	1. 11	12
19	24.	54.	1. 11	11
20	25.	55.	1. 11	10
21	26.	56.	1. 11	9
22	28.	56.	1. 11	8
23	29.	57.	1. 11	7
24	30.	58.	1. 12	6
25	31.	59.	1. 12	5
26	32.	59.	1. 12	4
27	33.	60.	1. 12	3
28	34.	61.	1. 12	2
29	35.	61.	1. 12	1
30	36.	62.	1. 12	0
	XI.	X.	IX.	—
	V.	IV.	III.	+

VI. Double dist. de la Lu. au Sol. + an. moy. de la Lu. sim.

+ − D.	O. VI. sec.	I. VII. M. S.	II. VIII. M. S.	D.
1	2.	0. 46	1. 19	29
2	3.	0. 48	1. 19	28
3	5.	0. 49	1. 20	27
4	6.	0. 51	1. 20	26
5	8.	0. 52	1. 21	25
6	9.	0. 53	1. 22	24
7	11.	0. 55	1. 22	23
8	13.	0. 56	1. 23	22
9	14.	0. 57	1. 23	21
10	16.	0. 58	1. 24	20
11	17.	0. 59	1. 25	19
12	19.	1. 1	1. 25	18
13	20.	1. 2	1. 26	17
14	22.	1. 3	1. 26	16
15	23.	1. 4	1. 27	15
16	25.	1. 5	1. 27	14
17	26.	1. 6	1. 28	13
18	28.	1. 7	1. 28	12
19	29.	1. 8	1. 28	11
20	31.	1. 9	1. 29	10
21	32.	1. 10	1. 29	9
22	34.	1. 11	1. 29	8
23	35.	1. 12	1. 29	7
24	37.	1. 13	1. 29	6
25	38.	1. 14	1. 30	5
26	39.	1. 15	1. 30	4
27	41.	1. 16	1. 30	3
28	42.	1. 16	1. 30	2
29	44.	1. 17	1. 30	1
30	45.	1. 18	1. 30	0
	XI. V.	X. IV.	IX. III.	− +

VII. Double dist. de la Lu. au Nœ. − an. m. de la Lu. sim.

+ − D.	O. VI. sec.	I. VII. sec.	II. VIII. sec.	D.
1	1.	30.	50.	29
2	2.	31.	51.	28
3	3.	31.	51.	27
4	4.	32.	52.	26
5	5.	33.	52.	25
6	6.	34.	53.	24
7	7.	35.	53.	23
8	8.	35.	54.	22
9	9.	36.	54.	21
10	10.	37.	54.	20
11	11.	38.	55.	19
12	12.	38.	55.	18
13	13.	39.	55.	17
14	14.	40.	56.	16
15	15.	41.	56.	15
16	16.	41.	56.	14
17	17.	42.	56.	13
18	18.	43.	57.	12
19	19.	43.	57.	11
20	20.	44.	57.	10
21	21.	45.	57.	9
22	22.	45.	57.	8
23	23.	45.	58.	7
24	24.	46.	58.	6
25	25.	47.	58.	5
26	26.	47.	58.	4
27	27.	48.	58.	3
28	27.	49.	58.	2
29	28.	49.	58.	1
30	29.	50.	58.	0
	XI. V.	X. IV.	IX. III.	− +

+ − D.	VIII. An. de la Lune simple − anom. moy. du Soleil. O. VI. sec.	I. VII. sec.	II. VIII. sec.	D.	− D.	IX Longitude du Soleil + suppl. du Nœud. O. VI. sec.	I. VII. sec.	II. VIII. sec.	D.
1	1.	20.	35.	29	1	2.	41.	40.	29
2	2.	21.	36.	28	2	3.	42.	39.	28
3	2.	21.	36.	27	3	5.	43.	38.	27
4	3.	22.	36.	26	4	6.	43.	37.	26
5	4.	23.	37.	25	5	8.	44.	36.	25
6	4.	23.	37.	24	6	10.	44.	35.	24
7	5.	24.	37.	23	7	11.	45.	34.	23
8	6.	24.	37.	22	8	13.	45.	32.	22
9	6.	25.	38.	21	9	14.	46.	31.	21
10	7.	26.	38.	20	10	16.	46.	30.	20
11	7.	26.	38.	19	11	17.	46.	29.	19
12	8.	27.	38.	18	12	19.	47.	27.	18
13	9.	27.	38.	17	13	20.	47.	26.	17
14	9.	28.	38.	16	14	22.	47.	25.	16
15	10.	28.	39.	15	15	23.	47.	23.	15
16	11.	29.	39.	14	16	25.	47.	22.	14
17	11.	29.	39.	13	17	26.	47.	20.	13
18	12.	30.	39.	12	18	27.	47.	19.	12
19	13.	30.	39.	11	19	29.	46.	17.	11
20	13.	31.	39.	10	20	30.	46.	16.	10
21	14.	31.	39.	9	21	31.	46.	14.	9
22	15.	32.	40.	8	22	32.	45.	13.	8
23	15.	32.	40.	7	23	34.	45.	11.	7
24	16.	33.	40.	6	24	35.	44.	10.	6
25	16.	33.	40.	5	25	36.	44.	8.	5
26	17.	34.	40.	4	26	37.	43.	6.	4
27	18.	34.	40.	3	27	38.	43.	5.	3
28	19.	34.	40.	2	28	39.	42.	3.	2
29	19.	35.	40.	1	29	40.	41.	2.	1
30	20.	35.	40.	0	30	41.	41.	0.	0
	XI.	X.	IX.	−		XI.	X.	IX.	+
	V.	IV.	III.	+		V.	IV.	III.	+

X. Distance de la Lune au Soleil — anomalie moyenne de la Lune simple.

D.	O. +M. S.	I. +M. S.	II. +M. S.	III. +M. S.	IV. −M. S.	V. −M. S.	D.
1	0. 8	3. 15	3. 19	0. 22	2. 35	2. 39	29
2	0. 15	3. 19	3. 15	0. 15	2. 39	2. 36	28
3	0. 23	3. 22	3. 11	0. 8	2. 42	2. 32	27
4	0. 30	3. 25	3. 7	0. 1	2. 45	2. 28	26
5	0. 38	3. 28	3. 3	ôtez 6	2. 48	2. 24	25
6	0. 45	3. 31	2. 58	0. 13	2. 51	2. 20	24
7	0. 53	3. 33	2. 53	0. 20	2. 53	2. 15	23
8	1. 0	3. 36	2. 48	0. 27	2. 55	2. 11	22
9	1. 8	3. 38	2. 43	0. 34	2. 57	2. 6	21
10	1. 15	3. 40	2. 38	0. 41	2. 59	2. 1	20
11	1. 22	3. 42	2. 32	0. 48	3. 0	1. 56	19
12	1. 29	3. 43	2. 27	0. 54	3. 1	1. 51	18
13	1. 36	3. 44	2. 21	1. 1	3. 2	1. 46	17
14	1. 43	3. 44	2. 16	1. 8	3. 3	1. 40	16
15	1. 50	3. 45	2. 10	1. 14	3. 4	1. 35	15
16	1. 56	3. 45	2. 4	1. 20	3. 4	1. 29	14
17	2. 3	3. 44	1. 58	1. 26	3. 3	1. 23	13
18	2. 9	3. 44	1. 51	1. 32	3. 3	1. 17	12
19	2. 15	3. 43	1. 45	1. 38	3. 2	1. 11	11
20	2. 21	3. 43	1. 38	1. 44	3. 2	1. 5	10
21	2. 26	3. 42	1. 32	1. 49	3. 1	0. 59	9
22	2. 32	3. 41	1. 25	1. 55	3. 0	0. 53	8
23	2. 37	3. 39	1. 18	2. 0	2. 59	0. 46	7
24	2. 43	3. 37	1. 11	2. 5	2. 57	0. 40	6
25	2. 48	3. 35	1. 4	2. 10	2. 55	0. 33	5
26	2. 53	3. 33	0. 57	2. 15	2. 53	0. 27	4
27	2. 58	3. 30	0. 50	2. 19	2. 50	0. 20	3
28	3. 2	3. 28	0. 43	2. 24	2. 48	0. 14	2
29	3. 7	3. 25	0. 36	2. 28	2. 45	0. 7	1
30	3. 11	3. 22	0. 29	2. 32	2. 42	0. 0	0
	XI. −	X. −	IX. −	VIII. +	VII. +	VI. +	

Équation A pour le Nœud. Le double sert pour corriger l'anomalie moyenne en changeant les Signes.

Argument. Anomalie moyenne du Soleil.

D.	0.		I.		I.		III.		IV.		V.		D.
	M.	S.	M.	S.	M.	S.	M.	S.	M.	S.	M.	S.	
1	0.	11	5.	10	8.	53	10.	18	8.	59	5.	8	29
2	0.	22	5.	19	8.	58	10.	18	8.	53	4.	58	28
3	0.	32	5.	28	9.	3	10.	18	8.	47	4.	48	27
4	0.	43	5.	37	9.	9	10.	17	8.	41	4.	38	26
5	0.	53	5.	46	9.	14	10.	17	8.	35	4.	28	25
6	1.	4	5.	55	9.	19	10.	16	8.	29	4.	18	24
7	1.	14	6.	3	9.	23	10.	15	8.	22	4.	8	23
8	1.	25	6.	12	9.	27	10.	14	8.	16	3.	58	22
9	1.	35	6.	20	9.	31	10.	13	8.	10	3.	48	21
10	1.	45	6.	28	9.	35	10.	12	8.	3	3.	38	20
11	1.	55	6.	36	9.	39	10.	10	7.	56	3.	27	19
12	2.	5	6.	44	9.	42	10.	8	7.	48	3.	17	18
13	2.	15	6.	52	9.	46	10.	6	7.	41	3.	6	17
14	2.	25	7.	0	9.	50	10.	4	7.	34	2.	56	16
15	2.	35	7.	8	9.	53	10.	2	7.	26	2.	45	15
16	2.	45	7.	16	9.	56	9.	59	7.	18	2.	35	14
17	2.	55	7.	23	9.	58	9.	56	7.	10	2.	24	13
18	3.	5	7.	31	10.	1	9.	53	7.	2	2.	13	12
19	3.	15	7.	38	10.	3	9.	50	6.	54	2.	2	11
20	3.	25	7.	45	10.	5	9.	46	6.	46	1.	51	10
21	3.	35	7.	52	10.	7	9.	43	6.	37	1.	40	9
22	3.	44	7.	58	10.	9	9.	39	6.	29	1.	29	8
23	3.	54	8.	5	10.	11	9.	35	6.	20	1.	18	7
24	4.	4	8.	12	10.	13	9.	31	6.	12	1.	7	6
25	4.	14	8.	18	10.	14	9.	27	6.	3	0.	56	5
26	4.	23	8.	24	10.	15	9.	23	5.	54	0.	45	4
27	4.	33	8.	30	10.	16	9.	18	5.	45	0.	34	3
28	4.	42	8.	36	10.	17	9.	14	5.	36	0.	23	2
29	4.	52	8.	42	10.	18	9.	9	5.	27	0.	12	1
30	5.	1	8.	47	10.	18	9.	4	5.	17	0.	0	0
	XI.		X.		IX.		VIII.		VII.		VI.		+

XI. Équation du Centre. Anomalie de la Lune, corrigée par les dix Équations, & par l'Équation *A*.

D.	−O D. M. S.	Diff. M. S.	−I D. M. S.	Diff. M. S.	−II D. M. S.	Diff. M. S.	D.
0	0. 0. 0	6. 11	2. 58. 33	5. 28	5. 16. 28	3. 27	30
1	0. 6. 11	6. 11	3. 4. 1	5. 25	5. 19. 55	3. 22	29
2	0. 12. 22	6. 10	3. 9. 26	5. 22	5. 23. 17	3. 17	28
3	0. 18. 32	6. 10	3. 14. 48	5. 19	5. 26. 34	3. 12	27
4	0. 24. 42	6. 10	3. 20. 7	5. 17	5. 29. 46	3. 7	26
5	0. 30. 52	6. 10	3. 25. 24	5. 14	5. 32. 53	3. 1	25
6	0. 37. 2	6. 9	3. 30. 38	5. 10	5. 35. 54	2. 55	24
7	0. 43. 11	6. 8	3. 35. 48	5. 7	5. 38. 49	2. 49	23
8	0. 49. 19	6. 8	3. 40. 55	5. 3	5. 41. 38	2. 43	22
9	0. 55. 27	6. 7	3. 45. 58	4. 59	5. 44. 21	2. 37	21
10	1. 1. 34	6. 6	3. 50. 57	4. 56	5. 46. 58	2. 31	20
11	1. 7. 40	6. 5	3. 55. 53	4. 52	5. 49. 29	2. 26	19
12	1. 13. 45	6. 3	4. 0. 45	4. 49	5. 51. 55	2. 20	18
13	1. 19. 48	6. 2	4. 5. 34	4. 45	5. 54. 15	2. 14	17
14	1. 25. 50	6. 2	4. 10. 19	4. 41	5. 56. 29	2. 8	16
15	1. 31. 52	6. 0	4. 15. 0	4. 37	5. 58. 37	2. 2	15
16	1. 37. 52	5. 58	4. 19. 37	4. 33	6. 0. 39	1. 55	14
17	1. 43. 50	5. 57	4. 24. 10	4. 28	6. 2. 34	1. 49	13
18	1. 49. 47	5. 55	4. 28. 38	4. 24	6. 4. 23	1. 43	12
19	1. 55. 42	5. 53	4. 33. 2	4. 20	6. 6. 6	1. 37	11
20	2. 1. 35	5. 51	4. 37. 22	4. 16	6. 7. 43	1. 30	10
21	2. 7. 26	5. 49	4. 41. 38	4. 11	6. 9. 13	1. 24	9
22	2. 13. 15	5. 47	4. 45. 49	4. 6	6. 10. 37	1. 17	8
23	2. 19. 2	5. 46	4. 49. 55	4. 2	6. 11. 54	1. 11	7
24	2. 24. 48	5. 44	4. 53. 57	3. 58	6. 13. 5	1. 5	6
25	2. 30. 32	5. 42	4. 57. 55	3. 53	6. 14. 10	0. 58	5
26	2. 36. 14	5. 39	5. 1. 48	3. 48	6. 15. 8	0. 51	4
27	2. 41. 53	5. 36	5. 5. 36	3. 43	6. 15. 59	0. 44	3
28	2. 47. 29	5. 33	5. 9. 19	3. 37	6. 16. 43	0. 37	2
29	2. 53. 2	5. 31	5. 12. 56	3. 32	6. 17. 20	0. 30	1
30	2. 58. 33		5. 16. 28		6. 17. 50		0
	+ XI.		+ X.		+ IX.		

XI. Équation du Centre. Anomalie de la Lune, corrigée par les dix Équations, & par l'Équation *A.*

D.	− III. D. M. S.	Diff. M. S.	− IV. D. M. S.	Diff. M. S.	− V. D. M. S.	Diff. M. S.	D.
0	6. 17. 50	0. 24	5. 39. 0	3. 7	3. 21. 4	6. 0	30
1	6. 18. 14	0. 17	5. 35. 53	3. 13	3. 15. 4	6. 3	29
2	6. 18. 31	0. 10	5. 32. 40	3. 20	3. 9. 1	6. 7	28
3	6. 18. 41	0. 3	5. 29. 20	3. 27	3. 2. 54	6. 11	27
4	6. 18. 44	0. 4	5. 25. 53	3. 32	2. 56. 43	6. 15	26
5	6. 18. 40	0. 11	5. 22. 27	3. 39	2. 50. 28	6. 19	25
6	6. 18. 29	0. 18	5. 18. 42	3. 46	2. 44. 9	6. 22	24
7	6. 18. 11	0. 25	5. 14. 56	3. 52	2. 37. 47	6. 26	23
8	6. 17. 46	0. 32	5. 11. 4	3. 59	2. 31. 21	6. 30	22
9	6. 17. 14	0. 38	5. 7. 5	4. 6	2. 24. 51	6. 33	21
10	6. 16. 36	0. 46	5. 2. 59	4. 12	2. 18. 18	6. 36	20
11	6. 15. 50	0. 53	4. 58. 47	4. 18	2. 11. 42	6. 38	19
12	6. 14. 57	1. 0	4. 54. 29	4. 24	2. 5. 4	6. 41	18
13	6. 13. 57	1. 7	4. 50. 5	4. 29	1. 58. 25	6. 44	17
14	6. 12. 50	1. 14	4. 45. 36	4. 35	1. 51. 39	6. 47	16
15	6. 11. 36	1. 21	4. 41. 1	4. 41	1. 44. 52	6. 49	15
16	6. 10. 15	1. 28	4. 36. 20	4. 47	1. 38. 3	6. 51	14
17	6. 8. 47	1. 35	4. 31. 33	4. 54	1. 31. 12	6. 54	13
18	6. 7. 12	1. 43	4. 26. 39	4. 59	1. 24. 18	6. 55	12
19	6. 5. 29	1. 50	4. 21. 40	5. 6	1. 17. 23	6. 56	11
20	6. 3. 39	1. 57	4. 16. 34	5. 11	1. 10. 27	6. 58	10
21	6. 1. 42	2. 4	4. 11. 23	5. 16	1. 3. 29	6. 59	9
22	5. 59. 38	2. 10	4. 6. 7	5. 21	0. 56. 30	7. 1	8
23	5. 57. 28	2. 17	4. 0. 46	5. 25	0. 49. 29	7. 2	7
24	5. 55. 11	2. 24	3. 55. 21	5. 30	0. 42. 27	7. 4	6
25	5. 52. 47	2. 31	3. 49. 51	5. 35	0. 35. 23	7. 4	5
26	5. 50. 16	2. 38	3. 44. 16	5. 40	0. 28. 19	7. 4	4
27	5. 47. 38	2. 45	3. 38. 36	5. 46	0. 21. 15	7. 5	3
28	5. 44. 53	2. 53	3. 32. 50	5. 50	0. 14. 10	7. 5	2
29	5. 42. 0	3. 0	3. 27. 0	5. 56	0. 7. 5	7. 5	1
30	5. 39. 0		3. 21. 4		0. 0. 0		0
	+ VIII.		+ VII.		+ VI.		

XII. ÉVECTION. Double distance de la Lune au Soleil corrigée, moins l'anomalie de la Lune corrigée.

D.	O.— D. M. S.	Diff. M. S.	I.— D. M. S.	Diff. M. S.	II.— D. M. S.	Diff. M. S.	D.
0	0. 0. 0	1. 24	0. 39. 50	1. 12	1. 9. 22	0. 42	30
1	0. 1. 24	1. 23	0. 41. 2	1. 12	1. 10. 4	0. 41	29
2	0. 2. 47	1. 23	0. 42. 14	1. 11	1. 10. 45	0. 40	28
3	0. 4. 10	1. 23	0. 43. 25	1. 10	1. 11. 25	0. 39	27
4	0. 5. 33	1. 23	0. 44. 35	1. 9	1. 12. 4	0. 37	26
5	0. 6. 56	1. 23	0. 45. 44	1. 8	1. 12. 41	0. 36	25
6	0. 8. 19	1. 23	0. 46. 52	1. 7	1. 13. 17	0. 34	24
7	0. 9. 42	1. 23	0. 47. 59	1. 7	1. 13. 51	0. 33	23
8	0. 11. 5	1. 22	0. 49. 6	1. 6	1. 14. 24	0. 32	22
9	0. 12. 27	1. 22	0. 50. 12	1. 5	1. 14. 56	0. 31	21
10	0. 13. 49	1. 22	0. 51. 17	1. 4	1. 15. 27	0. 29	20
11	0. 15. 11	1. 22	0. 52. 21	1. 3	1. 15. 56	0. 28	19
12	0. 16. 33	1. 21	0. 53. 24	1. 2	1. 16. 24	0. 26	18
13	0. 17. 54	1. 21	0. 54. 26	1. 1	1. 16. 50	0. 25	17
14	0. 19. 15	1. 21	0. 55. 27	1. 1	1. 17. 15	0. 24	16
15	0. 20. 36	1. 20	0. 56. 28	1. 0	1. 17. 39	0. 22	15
16	0. 21. 56	1. 20	0. 57. 28	0. 58	1. 18. 1	0. 21	14
17	0. 23. 16	1. 19	0. 58. 26	0. 57	1. 18. 22	0. 19	13
18	0. 24. 35	1. 19	0. 59. 23	0. 56	1. 18. 41	0. 18	12
19	0. 25. 54	1. 19	1. 0. 19	0. 55	1. 18. 59	0. 17	11
20	0. 27. 13	1. 18	1. 1. 14	0. 54	1. 19. 16	0. 15	10
21	0. 28. 31	1. 18	1. 2. 8	0. 53	1. 19. 31	0. 14	9
22	0. 29. 49	1. 17	1. 3. 1	0. 52	1. 19. 45	0. 12	8
23	0. 31. 6	1. 17	1. 3. 53	0. 51	1. 19. 57	0. 11	7
24	0. 32. 23	1. 16	1. 4. 44	0. 49	1. 20. 8	0. 9	6
25	0. 33. 39	1. 15	1. 5. 33	0. 48	1. 20. 17	0. 8	5
26	0. 34. 54	1. 15	1. 6. 21	0. 47	1. 20. 25	0. 6	4
27	0. 36. 9	1. 14	1. 7. 8	0. 46	1. 20. 31	0. 5	3
28	0. 37. 23	1. 14	1. 7. 54	0. 45	1. 20. 36	0. 4	2
29	0. 38. 37	1. 13	1. 8. 39	0. 43	1. 20. 40	0. 2	1
30	0. 39. 50		1. 9. 22		1. 20. 42		0
	XI. +		X. +		IX. +		

ÉVECTION. Double distance de la Lune au Soleil corrigée, moins l'anomalie de la Lune corrigée.

D.	III. — D. M. S.	Diff. M. S.	IV. — D. M. S.	Diff. M. S.	V. — D. M. S.	Diff. M. S.	D.
0	1. 20. 42	0. 1	1. 10. 24	0. 42	0. 40. 52	1. 14	30
1	1. 20. 43	0. 1	1. 9. 42	0. 44	0. 39. 38	1. 15	29
2	1. 20. 42	0. 3	1. 8. 58	0. 45	0. 38. 23	1. 16	28
3	1. 20. 39	0. 4	1. 8. 13	0. 46	0. 37. 7	1. 17	27
4	1. 20. 35	0. 5	1. 7. 27	0. 47	0. 35. 50	1. 17	26
5	1. 20. 30	0. 7	1. 6. 40	0. 48	0. 34. 33	1. 18	25
6	1. 20. 23	0. 8	1. 5. 52	0. 50	0. 33. 15	1. 18	24
7	1. 20. 15	0. 10	1. 5. 2	0. 51	0. 31. 57	1. 19	23
8	1. 20. 5	0. 11	1. 4. 11	0. 53	0. 30. 38	1. 19	22
9	1. 19. 54	0. 13	1. 3. 18	0. 54	0. 29. 19	1. 20	21
10	1. 19. 41	0. 14	1. 2. 24	0. 55	0. 27. 59	1. 21	20
11	1. 19. 27	0. 16	1. 1. 29	0. 56	0. 26. 38	1. 21	19
12	1. 19. 11	0. 17	1. 0. 33	0. 57	0. 25. 17	1. 22	18
13	1. 18. 54	0. 19	0. 59. 36	0. 58	0. 23. 55	1. 22	17
14	1. 18. 35	0. 20	0. 58. 38	0. 59	0. 22. 33	1. 22	16
15	1. 18. 15	0. 22	0. 57. 39	1. 0	0. 21. 11	1. 23	15
16	1. 17. 53	0. 23	0. 56. 39	1. 1	0. 19. 48	1. 23	14
17	1. 17. 30	0. 24	0. 55. 38	1. 2	0. 18. 25	1. 24	13
18	1. 17. 6	0. 26	0. 54. 36	1. 4	0. 17. 1	1. 24	12
19	1. 16. 40	0. 27	0. 53. 32	1. 5	0. 15. 37	1. 24	11
20	1. 16. 13	0. 29	0. 52. 27	1. 6	0. 14. 13	1. 25	10
21	1. 15. 44	0. 30	0. 51. 21	1. 6	0. 12. 48	1. 25	9
22	1. 15. 14	0. 31	0. 50. 15	1. 7	0. 11. 23	1. 25	8
23	1. 14. 43	0. 33	0. 49. 8	1. 8	0. 9. 58	1. 25	7
24	1. 14. 10	0. 34	0. 48. 0	1. 9	0. 8. 33	1. 25	6
25	1. 13. 36	0. 36	0. 46. 51	1. 10	0. 7. 8	1. 25	5
26	1. 13. 0	0. 37	0. 45. 41	1. 11	0. 5. 43	1. 25	4
27	1. 12. 23	0. 38	0. 44. 30	1. 12	0. 4. 18	1. 26	3
28	1. 11. 45	0. 40	0. 43. 18	1. 13	0. 2. 52	1. 26	2
29	1. 11. 5	0. 41	0. 42. 5	1. 13	0. 1. 26	1. 26	1
30	1. 10. 24		0. 40. 52		0. 0. 0		0
	VIII. +		VII. +		VI. +		

XIII. VARIATION. Longitude égalée par l'évection & l'équation du centre, moins la longitude vraie du Soleil.

D.	O. + (D. M. S.)	Diff. (M. S.)	I. + (D. M. S.)	Diff. (M. S.)	II. + (D. M. S.)	Diff. (M. S.)	D.
0	0. 0. 0	1. 24	0. 34. 17	0. 39	0. 33. 2	0. 45	30
1	0. 1. 24	1. 24	0. 34. 56	0. 36	0. 32. 17	0. 47	29
2	0. 2. 48	1. 23	0. 35. 32	0. 33	0. 31. 30	0. 50	28
3	0. 4. 11	1. 23	0. 36. 5	0. 30	0. 30. 40	0. 53	27
4	0. 5. 34	1. 23	0. 36. 35	0. 27	0. 29. 47	0. 55	26
5	0. 6. 57	1. 22	0. 37. 2	0. 24	0. 28. 52	0. 57	25
6	0. 8. 19	1. 21	0. 37. 26	0. 22	0. 27. 55	0. 59	24
7	0. 9. 40	1. 21	0. 37. 48	0. 19	0. 26. 56	1. 0	23
8	0. 11. 1	1. 20	0. 38. 7	0. 17	0. 25. 56	1. 2	22
9	0. 12. 21	1. 19	0. 38. 24	0. 14	0. 24. 54	1. 4	21
10	0. 13. 40	1. 18	0. 38. 38	0. 11	0. 23. 50	1. 6	20
11	0. 14. 58	1. 17	0. 38. 49	0. 8	0. 22. 44	1. 8	19
12	0. 16. 15	1. 16	0. 38. 57	0. 5	0. 21. 36	1. 9	18
13	0. 17. 31	1. 14	0. 39. 2	0. 1	0. 20. 27	1. 11	17
14	0. 18. 45	1. 13	0. 39. 3	0. 2	0. 19. 16	1. 13	16
15	0. 19. 58	1. 11	0. 39. 1	0. 5	0. 18. 3	1. 14	15
16	0. 21. 9	1. 9	0. 38. 56	0. 7	0. 16. 49	1. 15	14
17	0. 22. 18	1. 7	0. 38. 49	0. 10	0. 15. 34	1. 16	13
18	0. 23. 25	1. 6	0. 38. 39	0. 13	0. 14. 18	1. 17	12
19	0. 24. 31	1. 4	0. 38. 26	0. 15	0. 13. 1	1. 19	11
20	0. 25. 35	1. 2	0. 38. 11	0. 18	0. 11. 42	1. 20	10
21	0. 26. 37	1. 0	0. 37. 53	0. 21	0. 10. 22	1. 20	9
22	0. 27. 37	0. 58	0. 37. 32	0. 24	0. 9. 2	1. 21	8
23	0. 28. 35	0. 56	0. 37. 8	0. 27	0. 7. 41	1. 21	7
24	0. 29. 31	0. 54	0. 36. 41	0. 31	0. 6. 20	1. 22	6
25	0. 30. 25	0. 51	0. 36. 10	0. 33	0. 4. 58	1. 22	5
26	0. 31. 16	0. 49	0. 35. 37	0. 35	0. 3. 36	1. 23	4
27	0. 32. 5	0. 46	0. 35. 2	0. 38	0. 2. 13	1. 23	3
28	0. 32. 51	0. 44	0. 34. 24	0. 40	ôtez 0. 50	1. 23	2
29	0. 33. 35	0. 42	0. 33. 44	0. 42	0. 0. 33	1. 24	1
30	0. 34. 17		0. 33. 2		0. 1. 57		0
	XI. —		X. —		IX. +		

VARIATION. Longit. égalée par l'évection & l'équation du centre, moins la longitude vraie du Soleil.

D.	III. —			Diff.		IV. —			Diff.		V. —			Diff.		D.
D.	**D.**	**M.**	**S.**	**M.**	**S.**	**D.**	**M.**	**S.**	**M.**	**S.**	**D.**	**M.**	**S.**	**M.**	**S.**	**D.**
0	0.	1.	57	1.	24	0.	36.	21	0.	40	0.	36.	8	0.	45	30
1	0.	3.	21	1.	23	0.	37.	1	0.	38	0.	35.	23	0.	47	29
2	0.	4.	44	1.	23	0.	37.	39	0.	35	0.	34.	36	0.	50	28
3	0.	6.	7	1.	22	0.	38.	14	0.	33	0.	33.	46	0.	52	27
4	0.	7.	29	1.	22	0.	38.	47	0.	30	0.	32.	54	0.	55	26
5	0.	8.	51	1.	21	0.	39.	17	0.	27	0.	31.	59	0.	57	25
6	0.	10.	12	1.	21	0.	39.	44	0.	24	0.	31.	2	0.	59	24
7	0.	11.	33	1.	20	0.	40.	8	0.	22	0.	30.	3	1.	2	23
8	0.	12.	53	1.	20	0.	40.	30	0.	19	0.	29.	1	1.	4	22
9	0.	14.	13	1.	19	0.	40.	49	0.	16	0.	27.	57	1.	6	21
10	0.	15.	32	1.	18	0.	41.	5	0.	13	0.	26.	51	1.	8	20
11	0.	16.	50	1.	16	0.	41.	18	0.	10	0.	25.	43	1.	10	19
12	0.	18.	6	1.	15	0.	41.	28	0.	7	0.	24.	33	1.	11	18
13	0.	19.	21	1.	14	0.	41.	35	0.	4	0.	23.	22	1.	13	17
14	0.	20.	35	1.	13	0.	41.	39	0.	2	0.	22.	9	1.	15	16
15	0.	21.	48	1.	11	0.	41.	41	0.	1	0.	20.	54	1.	16	15
16	0.	22.	59	1.	10	0.	41.	40	0.	5	0.	19.	38	1.	18	14
17	0.	24.	9	1.	8	0.	41.	35	0.	8	0.	18.	20	1.	19	13
18	0.	25.	17	1.	6	0.	41.	27	0.	11	0.	17.	1	1.	21	12
19	0.	26.	23	1.	5	0.	41.	16	0.	14	0.	15.	40	1.	22	11
20	0.	27.	28	1.	3	0.	41.	2	0.	18	0.	14.	18	1.	23	10
21	0.	28.	31	1.	1	0.	40.	44	0.	19	0.	12.	55	1.	24	9
22	0.	29.	32	0.	59	0.	40.	25	0.	22	0.	11.	31	1.	24	8
23	0.	30.	31	0.	57	0.	40.	3	0.	25	0.	10.	7	1.	25	7
24	0.	31.	28	0.	54	0.	39.	38	0.	28	0.	8.	42	1.	26	6
25	0.	32.	22	0.	52	0.	39.	10	0.	31	0.	7.	16	1.	26	5
26	0.	33.	14	0.	50	0.	38.	39	0.	34	0.	5.	50	1.	27	4
27	0.	34.	4	0.	48	0.	38.	5	0.	36	0.	4.	23	1.	27	3
28	0.	34.	52	0.	46	0.	37.	29	0.	39	0.	2.	56	1.	28	2
29	0.	35.	38	0.	43	0.	36.	50	0.	42	0.	1.	28	1.	28	1
30	0.	36.	21			0.	36.	8			0.	0.	0			0
	VIII. +					VII. +					VI. +					

LATITUDE. Longitude vraie de la Lune dans son orbite plus supplément du Nœud corrigé.

D.	O. B. VI. A D. M. S.	Diff. M. S.	I. B. VII. A. D. M. S.	Diff. M. S.	II. B. VIII. A. D. M. S.	Diff. M. S.	D.
1	0. 5. 23	5. 23	2. 39. 4	4. 35	4. 30. 18	2. 35	29
2	0. 10. 46	5. 23	2. 43. 39	4. 33	4. 32. 53	2. 29	28
3	0. 16. 9	5. 23	2. 48. 12	4. 30	4. 35. 22	2. 25	27
4	0. 21. 32	5. 22	2. 52. 42	4. 27	4. 37. 47	2. 20	26
5	0. 26. 54	5. 22	2. 57. 9	4. 24	4. 40. 7	2. 14	25
6	0. 32. 16	5. 21	3. 1. 33	4. 20	4. 42. 21	2. 9	24
7	0. 37. 37	5. 21	3. 5. 53	4. 17	4. 44. 30	2. 4	23
8	0. 42. 58	5. 20	3. 10. 10	4. 13	4. 46. 34	1. 59	22
9	0. 48. 18	5. 19	3. 14. 23	4. 10	4. 48. 33	1. 54	21
10	0. 53. 37	5. 18	3. 18. 33	4. 6	4. 50. 27	1. 48	20
11	0. 58. 55	5. 16	3. 22. 39	4. 3	4. 52. 15	1. 43	19
12	1. 4. 11	5. 16	3. 26. 42	3. 59	4. 53. 58	1. 38	18
13	1. 9. 27	5. 15	3. 30. 41	3. 55	4. 55. 36	1. 32	17
14	1. 14. 42	5. 13	3. 34. 36	3. 51	4. 57. 8	1. 27	16
15	1. 19. 55	5. 11	3. 38. 27	3. 47	4. 58. 35	1. 21	15
16	1. 25. 6	5. 10	3. 42. 14	3. 43	4. 59. 56	1. 16	14
17	1. 30. 16	5. 8	3. 45. 57	3. 39	5. 1. 12	1. 10	13
18	1. 35. 24	5. 7	3. 49. 36	3. 35	5. 2. 22	1. 4	12
19	1. 40. 31	5. 5	3. 53. 11	3. 30	5. 3. 26	0. 59	11
20	1. 45. 46	5. 3	3. 56. 41	3. 26	5. 4. 25	0. 54	10
21	1. 50. 39	5. 1	4. 0. 7	3. 22	5. 5. 19	0. 48	9
22	1. 55. 40	4. 59	4. 3. 29	3. 18	5. 6. 7	0. 43	8
23	2. 0. 39	4. 57	4. 6. 47	3. 12	5. 6. 50	0. 36	7
24	2. 5. 36	4. 54	4. 9. 59	3. 8	5. 7. 26	0. 31	6
25	2. 10. 30	4. 52	4. 13. 7	3. 4	5. 7. 57	0. 26	5
26	2. 15. 22	4. 50	4. 16. 11	2. 59	5. 8. 23	0. 20	4
27	2. 20. 12	4. 47	4. 19. 10	2. 54	5. 8. 43	0. 14	3
28	2. 24. 59	4. 44	4. 22. 4	2. 49	5. 8. 57	0. 8	2
29	2. 29. 43	4. 42	4. 24. 53	2. 45	5. 9. 5	0. 3	1
30	2. 34. 25		4. 27. 38		5. 9. 8		0
	XI. A. V. B.		X. A. IV. B.		IX. A. III. B.		

II. LATITUDE. Double distance de la Lune au Soleil vraie, moins argument latitude I.				
B. A.	O. VI.	I. VII.	II. VIII.	
D.	M. S.	M. S.	M. S.	D.
1	0. 9	4. 33	7. 43	29
2	0. 19	4. 41	7. 48	28
3	0. 28	4. 49	7. 52	27
4	0. 37	4. 56	7. 56	26
5	0. 46	5. 4	8. 0	25
6	0. 55	5. 11	8. 4	24
7	1. 5	5. 19	8. 7	23
8	1. 14	5. 26	8. 11	22
9	1. 23	5. 34	8. 14	21
10	1. 32	5. 41	8. 18	20
11	1. 41	5. 48	8. 21	19
12	1. 50	5. 55	8. 24	18
13	1. 59	6. 2	8. 27	17
14	2. 8	6. 9	8. 30	16
15	2. 17	6. 15	8. 32	15
16	2. 26	6. 22	8. 34	14
17	2. 35	6. 28	8. 36	13
18	2. 44	6. 34	8. 38	12
19	2. 52	6. 40	8. 40	11
20	3. 1	6. 46	8. 42	10
21	3. 10	6. 52	8. 43	9
22	3. 18	6. 57	8. 45	8
23	3. 27	7. 3	8. 46	7
24	3. 35	7. 8	8. 47	6
25	3. 44	7. 14	8. 48	5
26	3. 52	7. 19	8. 48	4
27	4. 1	7. 24	8. 49	3
28	4. 9	7. 29	8. 49	2
29	4. 17	7. 34	8. 50	1
30	4. 25	7. 39	8. 50	0
	XI. V.	X. IV.	IX. III.	A. B.

XIV. RÉDUCTION. Longitude vraie de la Lune dans son orbite, plus le supplément du Nœud corrigé.				
	O. VII	I. VII	II. VIII.	
D.	M. S.	M. S.	M. S.	D.
1	0. 14	6. 9	5. 55	29
2	0. 29	6. 15	5. 47	28
3	0. 43	6. 21	5. 39	27
4	0. 58	6. 27	5. 30	26
5	1. 12	6. 32	5. 20	25
6	1. 26	6. 37	5. 10	24
7	1. 41	6. 41	5. 0	23
8	1. 55	6. 45	4. 50	22
9	2. 9	6. 48	4. 39	21
10	2. 23	6. 51	4. 28	20
11	2. 37	6. 54	4. 17	19
12	2. 50	6. 56	4. 5	18
13	3. 3	6. 57	3. 53	17
14	3. 16	6. 57	3. 41	16
15	3. 29	6. 57	3. 29	15
16	3. 41	6. 57	3. 16	14
17	3. 53	6. 57	3. 3	13
18	4. 5	6. 56	2. 50	12
19	4. 17	6. 54	2. 37	11
20	4. 28	6. 51	2. 23	10
21	4. 39	6. 48	2. 9	9
22	4. 50	6. 45	1. 55	8
23	5. 0	6. 41	1. 41	7
24	5. 10	6. 37	1. 26	6
25	5. 20	6. 32	1. 12	5
26	5. 30	6. 27	0. 58	4
27	5. 39	6. 21	0. 43	3
28	5. 47	6. 15	0. 29	2
29	5. 55	6. 9	0. 14	1
30	6. 2	6. 2	0. 0	0
	XI. V +	X. IV +	IX. III +	

PARALLAXE. Anomalie de la Lune, corrigée par les dix Équations & par l'Équation *A*.

D.	O. M.	S.	I. M.	S.	II. M.	S.	III. M.	S.	IV. M.	S.	V. M.	S.	D.
0	54.	10	54.	30	55.	29	56.	58	58.	37	59.	56	30
1	54.	10	54.	32	55.	32	57.	1	58.	40	59.	58	29
2	54.	10	54.	33	55.	34	57.	5	58.	43	60.	0	28
3	54.	10	54.	35	55.	37	57.	8	58.	46	60.	2	27
4	54.	11	54.	36	55.	39	57.	12	58.	49	60.	4	26
5	54.	11	54.	38	55.	41	57.	15	58.	52	60.	5	25
6	54.	11	54.	39	55.	45	57.	19	58.	55	60.	7	24
7	54.	11	54.	41	55.	47	57.	22	58.	58	60.	8	23
8	54.	11	54.	42	55.	50	57.	25	59.	1	60.	10	22
9	54.	12	54.	44	55.	53	57.	29	59.	4	60.	11	21
10	54.	12	54.	46	55.	56	57.	32	59.	7	60.	13	20
11	54.	12	54.	48	55.	59	57.	35	59.	10	60.	14	19
12	54.	13	54.	49	56.	2	57.	38	59.	13	60.	15	18
13	54.	13	54.	51	56.	5	57.	42	59.	16	60.	16	17
14	54.	14	54.	53	56.	8	57.	45	59.	18	60.	17	16
15	54.	15	54.	55	56.	11	57.	48	59.	21	60.	18	15
16	54.	15	54.	57	56.	14	57.	51	59.	23	60.	18	14
17	54.	16	54.	59	56.	17	57.	55	59.	26	60.	19	13
18	54.	17	55.	1	56.	20	57.	58	59.	29	60.	20	12
19	54.	18	55.	3	56.	23	58.	1	59.	31	60.	21	11
20	54.	19	55.	5	56.	26	58.	4	59.	34	60.	22	10
21	54.	20	55.	7	56.	29	58.	8	59.	36	60.	22	9
22	54.	21	55.	9	56.	32	58.	11	59.	39	60.	23	8
23	54.	22	55.	12	56.	36	58.	14	59.	41	60.	24	7
24	54.	23	55.	14	56.	39	58.	18	59.	44	60.	25	6
25	54.	24	55.	17	56.	42	58.	21	59.	46	60.	25	5
26	54.	25	55.	19	56.	45	58.	24	59.	48	60.	26	4
27	54.	26	55.	22	56.	49	58.	28	59.	50	60.	26	3
28	54.	28	55.	24	56.	52	58.	31	59.	52	60.	26	2
29	54.	29	55.	27	56.	55	58.	34	59.	54	60.	26	1
30	54.	30	55.	29	56.	58	58.	37	59.	56	60.	26	0
	XI.		X.		IX.		VIII.		VII.		VI.		

M

Iᵉ. ÉQUAT. de la Paral.			Argum. de l'Évection.

Iᵉ. ÉQUAT. de la Paral. — Argum. de l'Évection.

| − | 0 | I. | II. | |
| + | VI. | VII. | VIII. | |
D.	S.	S.	S.	D.
1	38	32	18	29
2	38	32	18	28
3	38	32	17	27
4	38	31	17	26
5	38	31	16	25
6	38	31	16	24
7	37	30	15	23
8	37	30	14	22
9	37	30	14	21
10	37	29	13	20
11	37	29	13	19
12	37	28	12	18
13	37	28	11	17
14	36	28	11	16
15	36	27	10	15
16	36	27	9	14
17	36	26	9	13
18	36	26	8	12
19	35	25	7	11
20	35	25	6	10
21	35	24	6	9
22	35	24	5	8
23	34	23	4	7
24	34	23	4	6
25	34	22	3	5
26	34	21	3	4
27	33	21	2	3
28	33	20	1	2
29	33	20	1	1
30	33	19	0	0
	XI.	X.	IX.	
	V.	IV.	III.	+

IIᵉ. ÉQUATION de la Parallaxe. — Argument de la Variation.

| | 0 | I. | II. | III. | IV. | V. | |
| | + | + | − | − | − | + | |
D.	S.	S.	S.	S.	S.	S.	D.
1	25	12	14	27	12	14	29
2	25	11	15	27	12	15	28
3	25	10	16	27	11	16	27
4	25	9	16	27	10	17	26
5	25	8	17	27	9	18	25
6	25	8	18	27	8	18	24
7	24	7	18	26	7	19	23
8	24	6	19	26	6	20	22
9	24	5	20	26	5	20	21
10	24	4	21	25	4	21	20
11	24	3	21	25	3	22	19
12	23	2	22	24	2	22	18
13	23	1	23	24	1	23	17
14	23	—	23	23	—	23	16
15	23	1	24	23	1	24	15
16	22	1	24	22	2	24	14
17	22	2	25	22	3	25	13
18	21	3	25	21	4	25	12
19	20	4	25	21	5	25	11
20	19	5	26	20	6	26	10
21	19	6	26	19	7	26	9
22	18	7	26	19	7	26	8
23	17	8	26	18	8	26	7
24	17	9	26	17	9	27	6
25	16	10	27	16	10	27	5
26	15	10	27	16	11	27	4
27	15	11	27	15	11	28	3
28	14	12	27	14	12	28	2
29	13	13	27	13	13	28	1
30	12	14	27	13	14	28	0
	XI.	X.	IX.	VIII.	VII.	VI.	
	+	−	−	−	+	+	

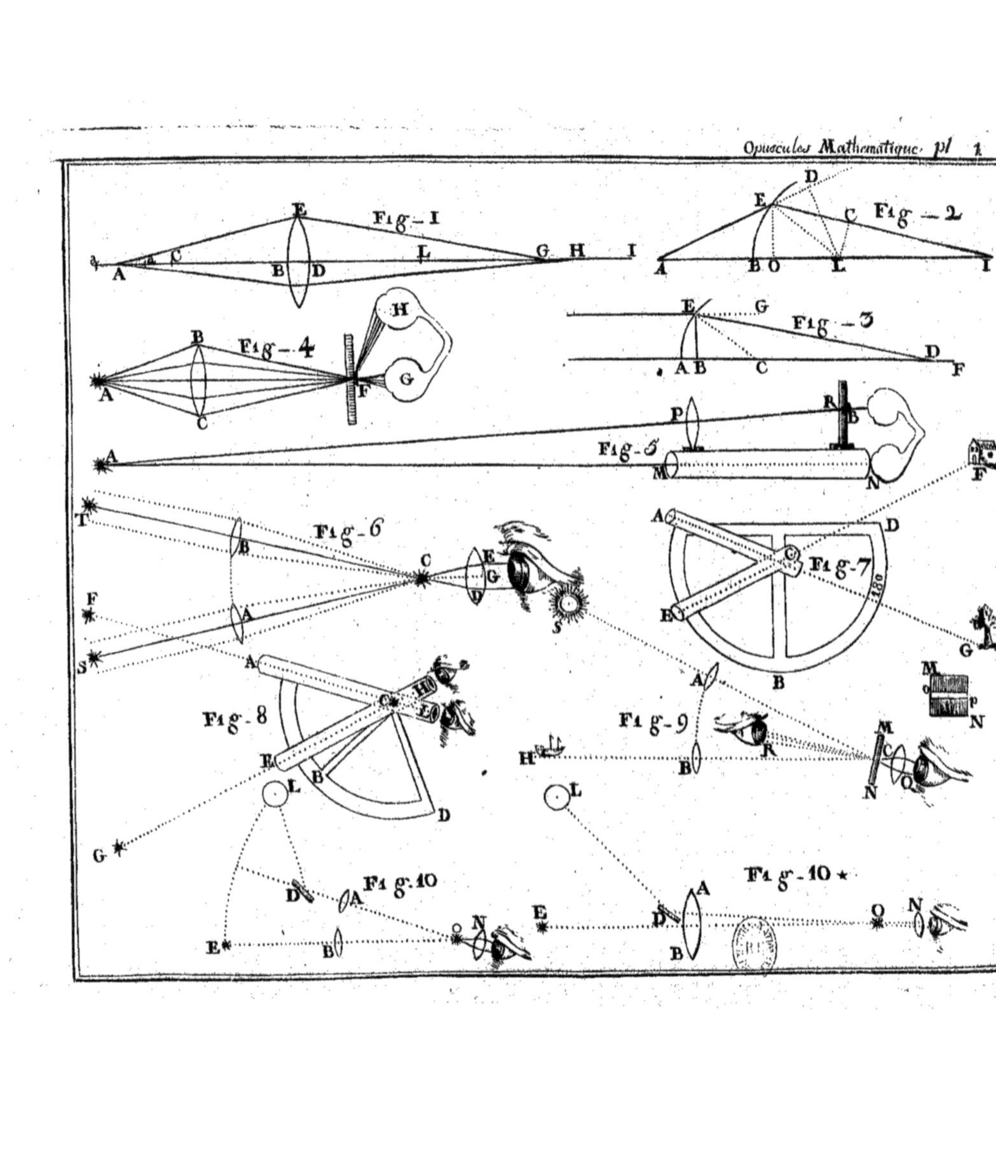
Fig. 1
Fig. 2
Fig. 3
Fig. 4
Fig. 5
Fig. 6
Fig. 7
Fig. 8
Fig. 9
Fig. 10
Fig. 10 *

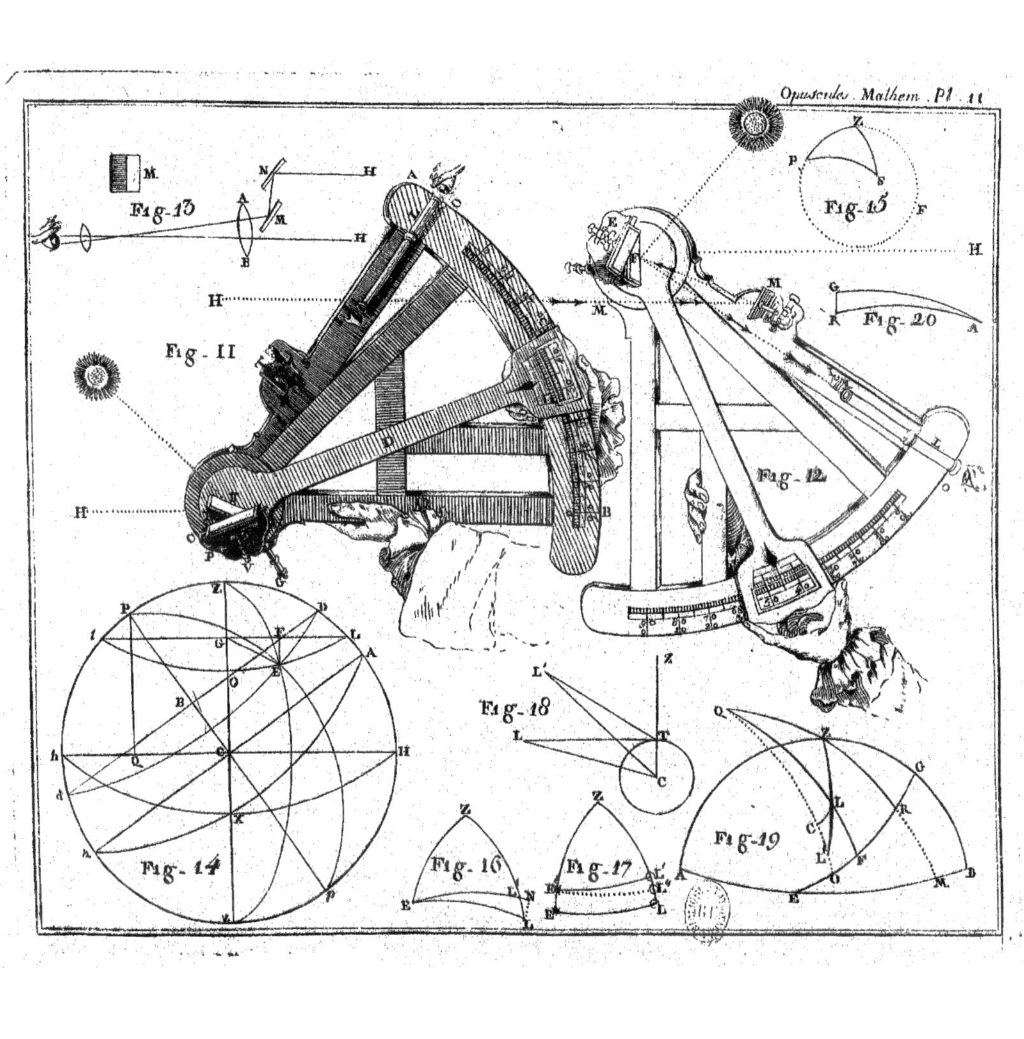

Opuscules Mathem. Pl. 11
Fig. 13
Fig. 11
Fig. 12
Fig. 14
Fig. 15
Fig. 16
Fig. 17
Fig. 18
Fig. 19
Fig. 20